Gholamali Tariverdian
Werner Buselmaier

Chromosomen, Gene, Mutationen

Humangenetische Sprechstunde

Springer-Verlag Berlin Heidelberg GmbH

Mit 54 Abbildungen

ISBN 978-3-540-58667-8   ISBN 978-3-642-57775-8 (eBook)
DOI 10.1007/978-3-642-57775-8

Dieses Werk ist urheberrechtlich geschützt. Die dadurch begründeten Rechte, insbesondere die der Übersetzung, des Nachdrucks, des Vortrags, der Entnahme von Abbildungen und Tabellen, der Funksendung, der Mikroverfilmung oder der Vervielfältigung auf anderen Wegen und der Speicherung in Datenverarbeitungsanlagen, bleiben, auch bei nur auszugsweiser Verwertung, vorbehalten. Eine Vervielfältigung dieses Werkes oder von Teilen diese Werkes ist auch im Einzelfall nur in den Grenzen der gesetzlichen Bestimmungen des Urheberrechtsgesetzes der Bundesrepublik Deutschland vom 9. September 1965 in der jeweils geltenden Fassung zulässig. Sie ist grundsätzlich vergütungspflichtig. Zuwiderhandlungen unterliegen den Strafbestimmungen des Urheberrechtsgesetzes.

© Springer-Verlag Berlin Heidelberg 1995
Ursprünglich erschienen bei Springer-Verlag Berlin Heidelberg New York 1995

Redaktion: Ilse Wittig, Heidelberg
Umschlaggestaltung: Bayerl & Ost, Frankfurt
unter Verwendung einer Illustration von FPG/Bavaria
Innengestaltung: Andreas Gösling, Bärbel Wehner, Heidelberg
Herstellung: Andreas Gösling, Heidelberg
Satz: Datenkonvertierung durch Springer-Verlag

67/3130 - 5 4 3 2 1 0 - Gedruckt auf säurefreiem Papier

Inhaltsverzeichnis

Vorwort IX

1 Sind wir die Sklaven unserer Gene? ... 1
Können und dürfen wir Gene therapieren? 5

2 Am Anfang stand ein Mönch 9

3 DNA – Molekül des Schicksals 17
Konstruktionspläne der Erbsubstanz 19
Die Informationsspeicherung 24

4 Gene – das »Gedächtnis« der Natur ... 27
Wie viele Gene besitzt der Mensch? 28

5 Das Erbgut wird verpackt 30

6 Die Chromosomen des Menschen 34
Wie können Chromosomen
sichtbar gemacht werden? 37

7 Wie funktioniert ein Gen? 40
Ein Molekül, das sich selbst kopiert 40
Das Lesen und Übersetzen der Genbotschaft
in Proteine 43

8 Wie wird der Mensch zu einem vielzelligen Individuum? 52

9 Die genetischen Voraussetzungen zur Fortpflanzung 56
Reifeteilungen 57
Das Erbgut wurde neu gemischt 61
Unterschiede von Spermato- und Oogenese des Menschen 63

10 Mutationen – Unfälle der Natur 67
Wodurch entstehen Mutationen? 69
Wie erkennt man ein erhöhtes Mutationsrisiko? 73

11 Die Gesetzmäßigkeiten der Vererbung beim Menschen 76
Autosomal-dominate Vererbung 77
Autosomal-rezessive Vererbung 80
X-chromosomale Vererbung 83
Multifaktorielle Vererbung 90
Mitochondriale Vererbung 92

12 Gentechnologie – Der neue Weg der Hoffnung 95
Genmedikamente 98
Genotypendiagnostik 103
Gentherapie 109

13 Humangenetik und Krankheiten 123
Genetisch bedingte Krankheiten beim Menschen 125
Monogene Erkrankungen 126
Multifaktorielle Erkrankungen 142
Numerische Chromosomenstörungen 144
Strukturelle Chromosomenanomalien 148

Chromosomeninstabilität
(Chromosomenbruchsyndrome) 153
Mitochondriale Erkrankungen 154

14 Nicht genetisch bedingte angeborene Erkrankungen 156
Schädigung durch Krankheiten der Mutter 156
Fruchtschädigung durch Medikamente,
Giftstoffe und andere exogene Faktoren 159

15 Einige Fragen aus dem täglichen Leben 164
Vererbung von angeborenen Fehlbildungen ... 164
Vererbung von geistiger Behinderung 170
Intelligenz und Vererbung 175
Geisteskrankheiten und Gemütsleiden 176
Anfallsleiden (Epilepsie) 177
Zuckerkrankheit (Diabetes mellitus) 178
Herz- und Gefäßerkrankungen 179
Krebserkrankungen 181
Bedeutung des elterlichen Alters 183
Verwandtenehe 184

16 Klinisch-genetische Untersuchungsmethoden 186

17 Genetische Beratung 192
Wer sollte sich beraten lassen? 193

18 Vorgeburtliche Diagnostik (Pränataldiagnostik) von genetisch bedingten Krankheiten 196

19 Erklärung der Fachbegriffe 201

Anhang 211
Humangenetische Beratungsstellen
und Laboratorien in Deutschland 211
Genetische Beratungsstellen in Österreich 219
Genetische Beratungsstellen in der Schweiz ... 220

Abbildungsnachweis 221

Sachverzeichnis 223

Vorwort

Jedem von uns ist von Geburt an ein genetisches Erbe mitgegeben. Es entscheidet nicht nur darüber, welche Farbe unsere Augen haben, sondern auch darüber, welche Krankheiten wir bekommen können. Mit unserem Buch wollen wir allgemein verständlich erklären, wie die Vererbung beim Menschen funktioniert. Wir möchten zeigen, inwieweit Erbfaktoren Krankheiten verursachen oder an ihrer Entstehung beteiligt sind. Nach der Lektüre sollen unsere Leser die Inhalte einer genetischen Beratung verstehen und die Möglichkeiten der vorgeburtlichen Diagnostik beurteilen können.

Die genetische Forschung hat in der Gentechnik ein höchst umstrittenes Anwendungsgebiet. Uns interessieren hier besonders die gentechnische Medikamentenherstellung und die Gentherapie. Gerade hier möchten wir die Leser in die Lage versetzen, die Chancen und Risiken dieser modernen Technik einzuschätzen. Wir würden uns freuen, wenn unser Buch zur Aufklärung in Fragen der Vererbung beitragen könnte.

Herzlich bedanken möchten wir uns beim Verlag für den Anstoß zu diesem Buch und die sachkundige Herstellung. Unseren Ehefrauen danken wir für die mühevollen Schreib- und Korrekturarbeiten, aber auch für viele Fragen und Diskussionen, mit denen sie zur Verständlichkeit unseres Textes beigetragen haben. Schließlich danken wir Frau Wiegenstein und Herrn Schmitt für das Engagement beim Zeichnen der Abbildungen.

    Gholamali Tariverdian
    Werner Buselmaier

1 Sind wir die Sklaven unserer Gene?

Die Bausteine der gesamten Natur sind *Moleküle*. Ihre Vielfalt ermöglicht eine schier endlose Variabilität. Eines dieser Moleküle ist das Molekül des Lebens, und es ist sicherlich das phantastischste von allen. Sein Name ist Desoxyribonukleinsäure, abgekürzt nach der englischen und auch bei uns geläufigen Schreibweise, *DNA* (Desoxiribonucleid acid).

Ohne DNA kann kein Leben entstehen und existieren. Sie ist Hard- und Software zugleich: Sie kodiert die Baupläne aller Individuen, aber auch ihre lebenslange Steuerung.

Die Evolution der Organismen, mit dem Menschen als deren vorläufiger Endstufe, ist eine Evolution der DNA. Sie ist die *Erbsubstanz*, einzelne Abschnitte von ihr sind die *Erbfaktoren*, die man in der Genetik als *Gene* bezeichnet. Das Gen ist also die Informationseinheit, die DNA eines Organismus ist das Informationspaket. Jede Zelle eines Organismus enthält das gesamte Informationsmaterial. Einfachere Organismen kommen natürlich mit weniger Information aus, komplizierte Organismen benötigen mehr – der Mensch am meisten von allen.

Die DNA und die in ihr beheimateten Gene sind aber nicht nur friedliche Informationsträger. Bekanntermaßen ist das Leben ein Kampf von Fressen und Gefressenwerden, die Evolution der DNA mit den aus ihr resultierenden Organismen folglich ein Kampf von Genen gegeneinander ums bessere Überleben.

Auf den Menschen bezogen hat dies vor einigen Jahren ein englischer Journalist folgendermaßen formuliert: »*Wir sind Überlebensmaschinen – Roboter, blind programmiert zur Erhaltung der selbstsüchtigen Moleküle, die Gene genannt werden*«.

Aber auch wenn man sich diese überspitzte Formulierung nicht zu eigen machen will, steht doch auf die Frage bezogen »Was vererbe ich meinem Kinde?« fest, daß mit der Verschmelzung von einer Ei- mit einer Samenzelle bei der *Befruchtung* ein Individuum entsteht, für das in vielerlei Hinsicht mit diesem Vorgang die Würfel gefallen sind.

Zum Zeitpunkt der Geburt ist nicht nur morphologisch ein in dieser Form einmaliger Mensch entstanden, sondern es ist ebenfalls ein Teil seines Schicksals mitgeboren. Haben Gene schon seine Entwicklung im Uterus gesteuert und – von äußeren Störmöglichkeiten einmal abgesehen – darüber entschieden, ob diese normal verlief, so steuern sie jetzt die Weiterentwicklung in Kindheit und Jugend.

- Wird es das Kind leicht oder schwer in seiner Ausbildung haben? Welchen Beruf wird es wählen? *Gene sind bei der Entscheidung beteiligt!*
- Welche Beziehungen zu anderen Menschen wird der heranwachsende Mensch aufnehmen? *Gene sind daran beteiligt!*

Gene entscheiden sogar darüber mit, ob dieser Mensch ein erhöhtes Krankheitsrisiko gegenüber äußeren schädlichen Einflüssen, wie Genußmittel, Zigaretten, Alkohol und Fehlernährung zeigen wird. Das Risiko, an manchen Infektionskrankheiten leichter oder schwerer oder gar nicht zu erkranken, ist ebenfalls von Genen mitbestimmt. Bei anderen Erkrankungen, wie z. B. *koronaren Herzerkrankungen* oder einer bestimmten Form des *Diabetes,* führen bestimmte Varianten von Genen allein zwar oft nicht zwangsläufig zu einer Krankheit, doch im Zusammenwirken mit bestimmten Umweltfaktoren, wie z. B. unzweckmäßiger Ernährung, können sie eine solche begünstigen.

Selbst die *Krebserkrankungen* erweisen sich mehr und mehr als ein genetisches Problem. Erbänderungen, die durch die Keimzellen von Generation zu Generation weitervererbt werden, wirken mit Erbänderungen zusammen, die in Körperzellen, spontan oder durch Umweltnoxen ausgelöst, neu auftreten. Wenn sich diese Zellen vermehren, wird dies zur Entstehung eines möglicherweise bösartigen Tumors führen.

Auch bei *Alterserkrankungen* wissen wir inzwischen, daß Gene beteiligt sind. Besonders intensiv wird dies gegenwärtig für die *Alzheimer-Krankheit* untersucht, die zur präsenilen Demenz führt. Hier, wie bei den bereits genannten aber auch bei vielen anderen Erkrankungen, hat man bereits konkrete Gene bzw. konkrete Veränderungen in ihnen lokalisiert, die ursächlich für die Erkrankung verantwortlich sind. In der Analyse weniger weit ist man bei den genetischen Ursachen von *Arteriosklerose.* Aber auch hier wissen wir bereits, daß entsprechende genetische Faktoren beteiligt sind.

Letztendlich wird selbst die natürliche Lebenserwartung des einzelnen Menschen von Genen bestimmt. Der Tod ist die finale Konsequenz eines zunehmenden Absterbens von Zellen, was wiederum die Folge von Genveränderungen in ihnen ist.

»*Sind wir also die Sklaven unserer Gene?*« Die Fakten scheinen dies zu bestätigen. Zweifellos müssen wir zur Kenntnis nehmen, daß wir ungleich und mit verschiedenen Chancen geboren sind. Für diese Chancenungleichheit sind Gene verantwortlich.

Sicherlich ist jedem von uns von Geburt an eine genetische Hypothek mitgegeben, die im konkreten Falle zu ernsten Konsequenzen führen kann. In der Vergangenheit mußte die Medizin häufig vor dem Schicksalhaften genetischer Erkrankungen kapitulieren.

Die moderne biomedizinische Forschung – vor allem die *Humangenetik*, die *Molekularbiologie* und die *Molekulargenetik* – hat in den letzten Jahrzehnten und besonders in jüngster Zeit zu einem entscheidenden Erkenntniszuwachs geführt, der bereits heute von vielen als die eigentliche wissenschaftliche Revolution unseres Jahrhunderts bezeichnet wird.

In den vergangenen Jahrzehnten, bis ca. 1950, lernte man zunehmend genetische Erkrankungen als solche zu diagnostizieren und auf den Zustand des Erbgutes zurückzuschließen. In den 50er Jahren kam die Möglichkeit hinzu, genetische Anomalien auf der Ebene der *Proteine* und *Enzyme* zu untersuchen. Seit Ende der 50er Jahre kann man die Verpackungseinheiten der Gene, die man als *Chromosomen* bezeichnet, unter dem Mikroskop analysieren.

Nach der Entwicklung genauerer und besserer Färbemethoden gelang es dann in den 70er Jahren zunehmend, selbst kleinere, aber nach den Gesetzen der Optik noch mikroskopisch auflösbare, chromosomale Regionen zu erkennen.

Fortschritte in der Frauenheilkunde, wie die Einführung der *Ultraschallmethode* und verbesserte *Punktionsmethoden*, ermöglichten gemeinsam mit der Verbesserung der humangenetischen Techniken die Einführung *pränataldiagnostischer Methoden*. Erstmals konnte in der klinischen Genetik bei Risikoschwangerschaften in fetalen Zellen eine vorgeburtliche Diagnostik durchgeführt werden. Dabei war und ist auch heute die Hauptindikation für einen Schwangerschaftsabbruch eine Störung in der Anzahl oder Struktur der Chromosomen beim Fetus.

Zunehmend lernte man auch aus dem Fruchtwasser und später aus Gewebe embryonaler Herkunft, den *Chorionzotten,* an Proteinen und Enzymen Defekte auf der Genebene zu erkennen.

Auf diese Weise erhielten wir die Möglichkeit, von vielen Schwangerschaften das Risiko zu nehmen. Viele Familien konnten sich zu einem Kind entscheiden, obwohl familiäre Belastungen genetischer Art vorlagen, die ohne diese neuen Methoden eher zu einem Verzicht auf Kinder geführt hätten. Auch für ältere Mütter wurde damit plötzlich eine Schwangerschaft nicht risikoreicher als für jüngere.

Können und dürfen wir Gene therapieren?

Einen ganz entscheidenden Durchbruch brachten Mitte der 70er Jahre neue Methoden der Molekularbiologie für die humangenetische Forschung. Untersuchungen, die heute jedem unter dem Stichwort »*Gentechnologie*« bekannt sind, machen nun die DNA einer verfeinerten Analyse zugänglich und haben damit die genetische Diagnostik außerordentlich stark erweitert. Gleichzeitig ergaben sich erste Ansätze einer Therapie auf Genebene. So hat man im National Institute of Health in den USA vor wenigen Jahren bei einem Kind einen Heilungsversuch durch Einfügung eines gesunden Gens in Körperzellen durchgeführt. Das Kind leidet an einem sehr seltenen Defekt des Immunsystems. Man hat Lymphozyten entnommen, ihnen das entsprechende Gen eingefügt und sie dann wieder der Patientin injiziert. Ob das Experiment erfolgreich war, muß noch längere Zeit beobachtet werden. Dieses Beispiel zeigt jedoch das Prinzip: Man entnimmt Zellen, an denen sich der genetische Defekt vor allem manifestiert, supplementiert diese Zellen mit dem funktionsfähigen Gen und bringt sie dann in den Körper zurück. Man hat für dieses Procedere den Begriff somatische *Gentherapie* geprägt.

Gleichzeitig mit den humangenetischen und gynäkologischen Methoden haben sich die der *Pränatalchirurgie weiterentwickelt. So ist es in seltenen Fällen sogar möglich, Kinder schon vor der Geburt zu operieren.*

Dieser kurze Überblick zeigt, daß auch aus medizinischer Sicht eine Schwangerschaft auf all ihren Ebenen zunehmend planbar geworden ist. Genetische und auch embryologische Fortschritte haben es möglich gemacht, theoretisch bereits kurz nach der Befruchtung befürchtete genetische Risiken zu erkennen und adäquate therapeutische oder vermeidende Methoden einzusetzen.

Gentechnologische und embryologische Methoden und deren Kombinationsmöglichkeit haben aber auch zu großen Ängsten und Bedenken in praktisch allen Schichten der Bevölkerung geführt. Wir haben aus anderen naturwissenschaftlichen und technischen Entwicklungen erfahren, daß technische Weiterentwicklungen auch der Handhabbarkeit – trotz aller Aussagen und Versprechungen von Experten – entgleiten können und sind gegenüber Fortschrittsentwicklungen skeptisch geworden. Wir haben Angst vor einem Fortschritt, für den es noch keine ausreichenden ethischen Grundlagen gibt und bei dem wir noch nicht einmal annähernd die Weiterentwicklung – auch nur in den nächsten Jahren – vorhersehen können.

Wir sehen uns konfrontiert mit beinahe unlösbaren Herausforderungen. Es drängen sich Fragen auf wie:

- Hat die moderne Medizin das Recht, das zu korrigieren, was man früher und auch teilweise noch heute als persönliche Prüfungen angesehen hat und ansieht?
- Wird es künftig einen Gencheck für unsere Kinder geben und wird dieser zum korrigierten und manipulierten Menschen führen?
- Wird die Kenntnis einzelner genetischer Prädispositionen zu einer neuen Chancenungleichheit führen?
- Maßt sich die Wissenschaft an, bei konsequenter Anwendung ihrer Techniken, Schöpfereigenschaft zu besitzen?
- Führt die Kenntnis unseres eigenen Codes unter dem Vorwand der Leidensmilderung letztlich zum Verlust der Unantastbarkeit der Würde des Menschen?

Wir können nur hoffen, diesem Dilemma zu entgehen, und werden nur dann zu akzeptierbaren Entwicklungen finden, wenn unsere Entscheidungen auf einem breiten Konsens einer aufgeklärten Öffentlichkeit basieren. Es muß gelingen, ein breites Wissen in dem Bereich zu etablieren, der wahrscheinlich wie kein anderer unsere Zukunft beeinflussen wird. Nur dann wird es möglich sein, Risiken richtig abzuschätzen und die entsprechenden Konsequenzen zu ziehen. Nur dann wird es möglich sein, die positiven Möglichkeiten, besonders für die Medizin, zu nutzen.

Wir würden uns schuldig machen, Leiden künstlich aufrechtzuerhalten, wo man helfen und vorbeugen könnte. Wenig reflektierte, pauschale, aus einer unbestimmten Angst resultierende Ablehnung macht uns ethisch genauso schuldig wie etwa ein ungebrochener Fortschrittsglaube.

 Wir sind eben dann nicht oder zunehmend nicht mehr die Sklaven unserer Gene, wenn wir im vollen Bewußtsein unserer Verantwortung unsere Erkenntnisse und die neu gewonnenen Möglichkeiten anwenden.

2 Am Anfang stand ein Mönch

Das Wissen von der Existenz biologischer Vererbung ist alt. Allein schon die Ähnlichkeit zwischen Eltern und Kindern ist ein Phänomen, das wohl allen Eltern zu allen Zeiten aufgefallen ist.

Bereits Aristoteles (384–322 v. Chr.) postulierte den Samen als Träger der Vererbung. Er glaubte allerdings, daß dieser überall im Körper gebildet würde, um von den Blutgefäßen in die Testes transportiert zu werden. Jeder Teil des Körpers hätte somit mit seiner Information zur Bildung eines Individuums beigetragen. Ausdrücke wie »blutsverwandt«, »eigen Fleisch und Blut« oder »Blutauffrischung« zeugen noch heute von dieser Vorstellung.

Ein für uns heute kurios anmutender Versuch beendete im 19. Jahrhundert diese bis dahin geltende Ansicht. August Weißmann, der Begründer der *Keimplasmatheorie,* schnitt Mäusen die Schwänze ab und beobachtete deren Nachkommen durch mehrere Generationen. Die Tatsache, daß alle Mäuse wieder Schwänze hatten, ließ den Schluß zu, daß der Samen für die Schwanzbildung nicht aus dem Schwanz selbst kommen könne, sondern eben in jenem Keimplasma gebildet würde, aus dem sich die Geschlechtszellen entwickeln.

Auch die Idee der Beeinflussung der Vererbung durch den Menschen ist uralt. Ohne die Vorstellung einer stabilen Veränderbarkeit von Eigenschaften durch Zucht-

Abb. 1. Höhlenbilder aus Europa und Nordafrika: Schon in der Jungsteinzeit tauchen unterschiedliche Hundetypen auf.

wahl, wäre es der Menschheit nie gelungen Haustiere zu züchten. Auch hier läßt sich mit Hilfe von Funden eine relativ genaue Datierung vornehmen. Das älteste Haustier ist der Hund. Der Beginn seiner Haustierwerdung fällt in die Jungsteinzeit, also in einen Bereich von 8000–10000 Jahren vor unserer Zeitrechnung (Abb. 1). Ihm folgen Rind, Schwein, Schaf und Ziege (7000–6000 v. Chr.) und mit einigem Abstand das Pferd, das erst in der Bronzezeit zum Haustier wurde (3000–2000 v. Chr.).

Der Grund für die Züchtung von Haustieren war am Anfang der gleiche wie der für wissenschaftliches Arbeiten. Es war im wesentlichen die Neugier des Menschen, seine Langeweile und sein Spieltrieb. Von den ersten gehaltenen Tieren konnte nämlich kein Nutzen gezogen werden. Rinder und Ziegen gaben nicht mehr Milch als für die Aufzucht der Jungen nötig war; das Wildschaf trug ein Haarkleid und lieferte keine Wolle. Fleisch war leichter durch Jagd als durch mühsame Aufzucht zu beschaffen.

Natürlich hatte die empirische Züchtung, die zur Entwicklung der Nutztiere führte, noch nichts mit wissenschaftlicher Genetik zu tun. Sie wurde durch Kreuzungsversuche mit Pflanzenarten Mitte des 19. Jahrhunderts eingeleitet. Solche Hybridisierungsversuche waren zu dieser Zeit modern und wurden häufiger durchgeführt. So kreuzte der Botaniker Kölreuter verschiedene Tabaksorten, um den Gesetzmäßigkeiten der Vererbung näher zu kommen. Aus der Mischung der Nachkommen erkannte er, daß sowohl Vater als auch Mutter zur Vererbung beitragen. Allerdings entdeckte er keine weiterführenden Gesetzmäßigkeiten, da er, wie alle anderen auch, die gesamten Pflanzen und nicht einzelne Merkmale betrachtete.

Den Durchbruch schaffte der Augustinermönch *Gregor Mendel* (1822–1884). Er experimentierte seit

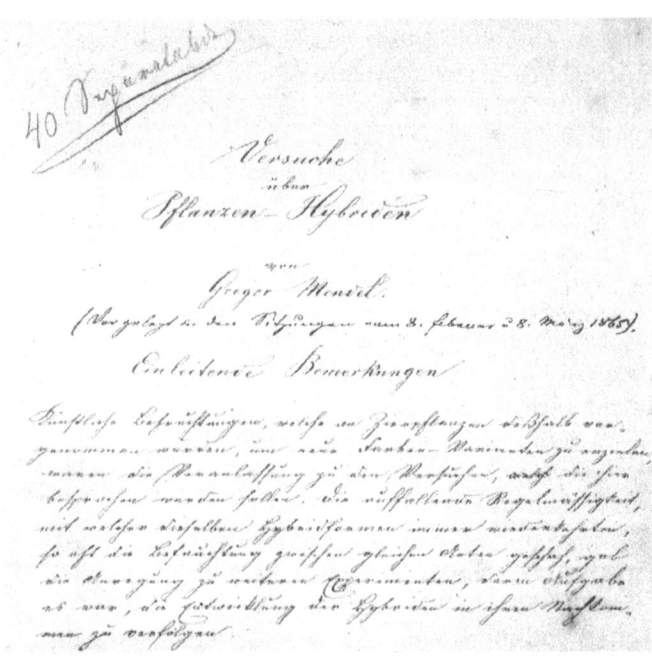

Abb. 2. Faksimile des kürzlich wiederentdeckten handschriftlichen Manuskripts Gregor Mendels (1. Abschnitt), mit dem er seine Vererbungslehre veröffentlicht hat. Die linke mit Bleistift geschriebene Anmerkung »40 Separata« stammt vom Redakteur der Verhandlungen des Naturforschenden Vereins.

1854 auf einem ihm zugewiesenen 7 × 35 m großen Versuchsfeld des Klostergartens in Brünn mit Erbsen. Seine Resultate veröffentlichte er in zwei Vorlesungen am 8. Februar und am 8. März 1865 vor dem Forum des Naturforschenden Vereins in Brünn (Abb. 2). Die schriftliche Arbeit erschien 1866 im IV. Band der Verhandlungen des Naturforschenden Vereins in Brünn.

Was war nun an den Arbeiten von Mendel so exzeptionell, daß sie zur Erkennung der allgemeinen Gesetzmäßigkeiten der Vererbung führten und er damit zum *Begründer der Genetik* wurde?

Die entscheidende Überlegung war, daß er die Pflanzen mosaikartig bezüglich einzelner Eigenschaften betrachtete. Insgesamt waren es 7 Merkmale, wie Samenform, Farbe, Stiellänge usw., die er aus der Gesamtheit auswählte. Dadurch wurde seine Analyse nicht, wie die anderer, im Gesamthabitus vernebelt. Im Gegensatz zu seinen Vorgängern benutzte er nur reinerbiges Material und unterzog in jeder Generation seine Parameter einer vollzähligen Beobachtung, so daß eine statistische Auswertung über das Auftreten bestimmter Merkmale möglich war. Rückkreuzungen zur Elterngeneration eröffneten Mendel die Möglichkeit von Kontrollexperimenten. Damit waren seine Theorien also überprüfbar.

Außerdem hatte Mendel einfach Glück, indem er mit der Gartenerbse das richtige Untersuchungsmaterial fand, das als Selbstbestäuber nicht der Kontamination durch Fremdpollen unterliegt. Selbstbestäubung machte er experimentell unmöglich. Ein weiterer Glückstreffer war, daß alle betrachteten Merkmale auf verschiedenen Chromosomen lokalisiert waren.

In der Analyse seiner Daten war Mendels Hauptverdienst, daß für jedes Merkmal eine vollkommen neue Konzeption der »*Elemente*« eingeführt wurde. Diese Elemente sind identisch mit den heutigen Genen, von denen Mendel allerdings noch nichts wußte. Er erkannte, daß diese Elemente, oder modern Gene, paarweise vorhanden sind, daß es also von jedem Gen 2 Ausgaben in den Zellen gibt, eines vom Vater und eines von der Mutter. Bei der Bildung der Geschlechtszellen trennen sich diese Genpaare voneinander und werden einzeln auf die Geschlechtszellen verteilt. Nach der Befruchtung ist dann wieder für jedes Merkmal ein Genpaar vorhanden. Dabei ist es zufällig, welches Gen eines Paares in welche Geschlechtszelle gerät. Man spricht hier von dem Prinzip der *freien Kombinierbarkeit* der Gene.

Doch wie sahen nun die berühmten Versuche von Mendel aus?

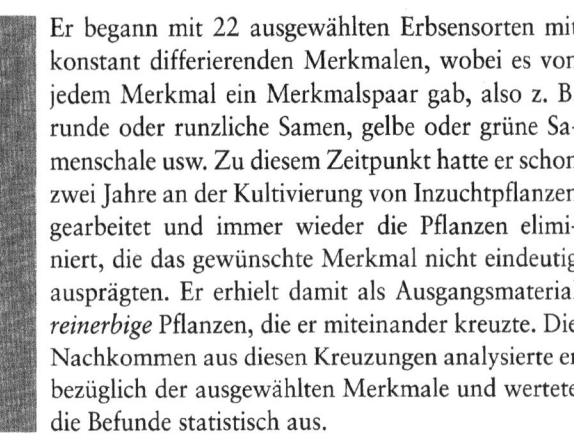

Er begann mit 22 ausgewählten Erbsensorten mit konstant differierenden Merkmalen, wobei es von jedem Merkmal ein Merkmalspaar gab, also z. B. runde oder runzlige Samen, gelbe oder grüne Samenschale usw. Zu diesem Zeitpunkt hatte er schon zwei Jahre an der Kultivierung von Inzuchtpflanzen gearbeitet und immer wieder die Pflanzen eliminiert, die das gewünschte Merkmal nicht eindeutig ausprägten. Er erhielt damit als Ausgangsmaterial *reinerbige* Pflanzen, die er miteinander kreuzte. Die Nachkommen aus diesen Kreuzungen analysierte er bezüglich der ausgewählten Merkmale und wertete die Befunde statistisch aus.

Er fand folgende Gesetzmäßigkeit, die man später als das *1. Mendelsche Gesetz* oder *Uniformitätsgesetz* beschrieb: Die erste Nachkommengeneration (F_1 = 1. Filialgeneration) war uniform. Es war nur das Merkmal jeweils eines Elternteils (P = Parentalgeneration) sichtbar. Mendel nannte das sichtbare Merkmal *dominant* und das nicht sichtbare, also unterdrückte, *rezessiv*. Dabei war es gleichgültig, welche der beiden reinerbigen Linien als Vater und welche als Mutter verwendet wurden. Das dominante Merkmal wurde in jedem Fall ausgeprägt.

Das rezessive Merkmal trat wieder auf, als er die F1-Generation untereinander kreuzte. 75 % dieser Nachkommen (F_2 = 2. Filialgeneration) zeigten das dominante, 25 % das rezessive Merkmal. Man bezeichnet dies als das

2. Mendelsche Gesetz (Spaltungs- oder *Segregationsgesetz).*

Die uniforme F_1-Generation mußte also das Gen sowohl für das dominante als auch für das rezessive Merkmal enthalten, was auf das paarweise Vorliegen der Gene hindeutete.

Bei der Neukombination der Gene bei der Befruchtung entsteht dann ein für ein gegebenes Merkmal reinerbiges Individuum, wenn beide Gene eines Paares qualitativ gleich sind. Man bezeichnet dies als *homozygot.* Heterozygot oder *mischerbig* ist ein Individuum, wenn es sich aus Keimzellen mit qualitativ verschiedenen Genen eines Paares bildet. Dabei zeigen sich im äußeren Erscheinungsbild (*Phänotyp)* nicht unbedingt alle Erbanlagen (*Genotyp).* Dominante können rezessive überdecken. Um nun den Genotyp trotz eines anderen überdeckenden Phänotyps zu entdecken, entwickelte Mendel ein neues Kreuzungssystem, die *Rückkreuzung.* In ihr wird die entsprechende Pflanze mit einem Elternteil rückgekreuzt, der das rezessive Merkmal homozygot trägt. Ist die fragliche Pflanze homozygot, dann wird die F_1-Generation aus dieser Kreuzung uniform das dominante Merkmal zeigen. Ist sie jedoch heterozygot, dann werden 50 % der Nachkommen das dominante und 50 % das rezessive Merkmal ausprägen.

Mit diesem Versuch konnte Mendel zeigen, daß bei der Kreuzung, aus der sich das Spaltungsgesetz ergab, tatsächlich unter den 75 % dominanten Merkmalsträgern nur 25 % homozygot, 50 % jedoch heterozygot waren.

Die Genotypen spalten also 1 (homozygot-dominant) : 2 (heterozygot) : 1 (homozygot-rezessiv) auf, während der Phänotyp ein Verhältnis von 3 (dominantes Merkmal) : 1 (rezessives Merkmal) zeigte.

Schließlich kreuzte Mendel noch homozygote Linien miteinander, die sich in 2 oder mehreren Merkmalspaaren voneinander unterschieden. Es stellte sich heraus, daß die einzelnen Merkmale bei der Weitergabe durch die Generationen unabhängig voneinander, entsprechend den beiden ersten Mendelschen Gesetzen, vererbt werden. Es können dabei in der 2. Filialgeneration neue Merkmalskombinationen auftreten.

Das 3. Mendelsche Gesetz (*Unabhängigkeitsregel*) besagt also, daß die Gene unabhängig voneinander frei kombinieren. Dies gilt allerdings, was Mendel nicht wissen konnte, nur für Gene, die sich auf verschiedenen Chromosomen befinden. Verschiedene Gene, die sich auf einem Chromosom befinden, sind an dieses als Weitergabeeinheit gebunden. Eine Regel, die allerdings nur eingeschränkt gilt, da auch Chromosomen umgebaut werden können.

Obwohl Mendels Versuche an Pflanzenhybriden dem Leser an dieser Stelle befremdend erscheinen mögen, ist es dennoch nötig, etwas ausführlicher darauf einzugehen, da gerade diese Versuche das universell gültige Fundament der Genetik beschreiben. Unsere Gene werden eben nach den gleichen Gesetzmäßigkeiten vererbt wie die von Mendels Untersuchungsobjekten.

Die Tragik von Gregor Mendel war, daß die damalige wissenschaftliche Welt die Universalität der Mendelschen Gesetze nicht erkannte. Mendels Werk blieb ohne Widerhall für Jahrzehnte.

Mendel selbst wurde 1868 zum Abt des Augustiner-Klosters in Brünn gewählt und nach allen Überlieferungen war er nicht gerade theologisch fortschrittsfreundlich. Es gibt auch verschiedene Ansichten darüber, ob Mendel die Universalität seiner Entdeckung bewußt geworden ist. Viele sind heute der Meinung, daß er sozusagen die Tür der Erkenntnis nie durchschritten habe.

3 DNA – Molekül des Schicksals

Ein Fallbeispiel
Familie Irgendwo führte bis vor kurzem noch ein ganz normales Leben. Man kümmerte sich um den Erwerb zum täglichen Leben, war ehrgeizig bei der Kindererziehung und stolz über die Erfolge.
Kürzlich war Miriam eingeschult worden und kämpfte mit der deutschen Rechtschreibung. Auch der kleine Daniel, das zweite Kind der Familie – er war nun 4 Jahre alt – hatte sich gut entwickelt. Mit 14 Monaten konnte er bereits alleine gehen, mit 18 Monaten hatte er schon unablässig Mama und Papa die Ohren vollgeplappert. Nur etwas tollpatschig war er immer und fiel deswegen auch so häufig hin. Allerdings begann er in den letzten Monaten etwas zu kränkeln, das Treppensteigen fiel ihm merkwürdigerweise schwer, wenn er sich aufrichtete, hatte man den Eindruck, er klettere an sich selbst hoch. Die Eltern sind zunehmend beunruhigt, obwohl er geistig doch so aufgeweckt ist. Vielleicht liegt alles an seinem leichten Watschelgang, vielleicht hätte man doch mehr auf Haltungsschäden achten sollen?
Schließlich beschließt die Familie, den Kinderarzt zu konsultieren. Dieser wiederum überweist Daniel

in die Kinderklinik zur genauen Abklärung. Nach einer eingehenden Untersuchung dort wird den Eltern erklärt, das Kind leide an einer erblich bedingten progressiven Muskelerkrankung, die man als *Muskeldystrophie Typ Duchenne* bezeichne. Nach der Frage, ob man sich noch weitere Kinder wünsche, wird unsere Familie schließlich an eine *Genetische Beratungsstelle* in einem Humangenetischen Institut der Universität überwiesen.

Die Eltern sitzen nun einem genetischen Berater gegenüber, der inzwischen die Krankenakte des Kindes vor sich liegen hat, die Laborbefunde studiert und eine *Familienanamnese* aufnimmt. Dies bedeutet, er fragt die Familie, in diesem Falle besonders die Mutter, nach ähnlichen Krankheitserscheinungen bei Eltern und Großeltern, bei Geschwistern der Eltern und deren Kinder, nach Sterbedaten, Todesursachen, anderen Erkrankungen usw. Was ist geschehen?

Obwohl die Eltern eine völlig unauffällige Familiengeschichte berichten, leidet Daniel an einer Erkrankung, die ein rezessives Gen verursacht, welches er über die Eizelle seiner gesunden Mutter erhalten hat. Die Krankheit wird vorhersehbar bei Daniel einen progressiven Verlauf nehmen (Abb. 3), die Lebenserwartung liegt meist unter 20 Jahren. Im Endstadium leiden die Patienten an muskulärer Ateminsuffizienz mit sich wiederholenden Infekten der Atemorgane.

Im Falle eines weiteren Kinderwunsches sollte mit molekularbiologischen Methoden geklärt werden, ob der Gendefekt in den Keimzellen der Mutter neu entstanden ist oder ob sie selbst bereits Genträger ist und somit ein Risiko von 50 % für weitere männliche Nachkommen

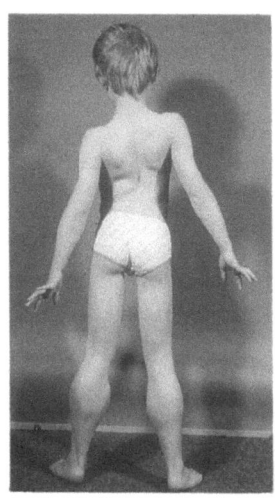

Abb. 3. Junge mit Muskeldystrophie Typ Duchenne.

besitzt. Eine Pränataldiagnostik sollte bei einer Schwangerschaft erwogen werden.

 Das Leben unserer Beispielfamilie hat sich schlagartig verändert. Sie wird über viele Jahre einen schlimmen Leidensweg erfahren, Heilungschancen für das Kind wird es nicht geben.

Konstruktionspläne der Erbsubstanz

Viele Aussagen der Ärzte zu obigem Beispielfall wird unsere Familie nicht ohne weiteres verstehen können. Der beratende Arzt wird sich Mühe geben, die Grundlagen zu erklären. Aber auch die beste genetische Beratung kann nicht erschöpfend auf die zugrunde liegenden biologischen Mechanismen eingehen, die wesentlich zum Verständnis der Disregulationen beitragen, die durch veränderte Gene hervorgerufen werden.

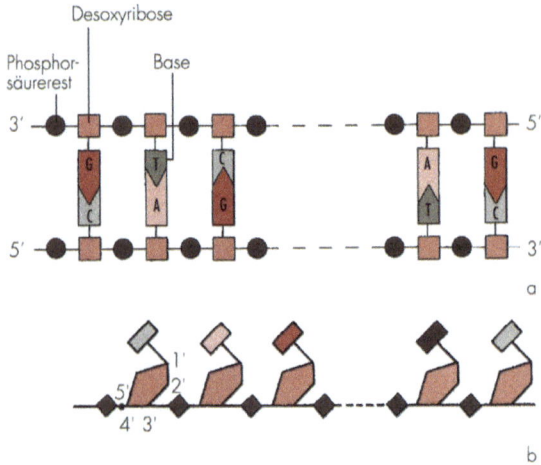

Abb. 4a,b. Aufbau der DNA. **a** Doppelhelix (entschraubt) mit Symbolen. **b** Nukleotidstrang.

Betrachten wir also den Stoff, aus dem die Gene aufgebaut sind, das was Gregor Mendel noch nicht wissen konnte, als er seine Gesetzmäßigkeiten aufstellte:

Es ist die Desoxyribonukleinsäure *(DNA)*, ein gewaltiger Riese unter den Molekülen mit einem Molekulargewicht in der Größenordnung von Millionen. Dieses Molekül ist für die Vererbung das, was für Archimedes der Papyrus war und für die Inkas die Schnur. Entsprechend seiner enormen Größe ist es natürlich auch kompliziert gebaut, wobei sich sein Name von *Nukleinsäure* ableitet, weil das Innere des Zellkerns (lat. *Nukleus)* einer jeden Zelle überwiegend hieraus besteht. Auch werden wir später kennenlernen, daß es außer Desoxyribonukleinsäure noch Ribonukleinsäure *(RNA)* gibt, die bei der Übersetzung der Information in Proteine eine entscheidende Rolle spielt.

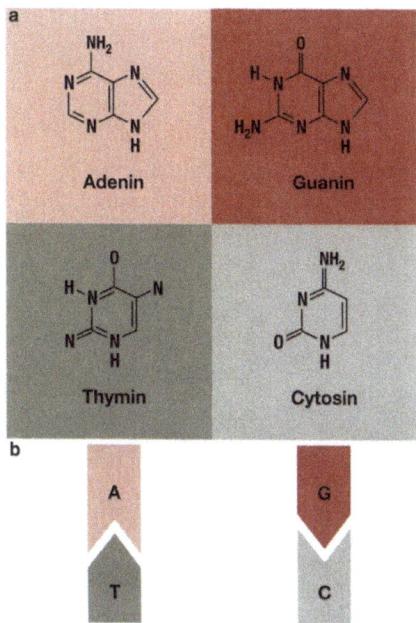

Abb. 5a,b. Die 4 Basen der DNA. **a** Formeln. **b** Symbole.

Als Grundbausteine der DNA dienen *Phosophorsäurereste* und *Desoxyribose* (ein einfacher Zucker, dem Traubenzucker verwandt). Diese beiden Bestandteile sind in der DNA zu einem langen unverzweigten Fadenmolekül aneinandergefügt (Abb. 4). Auf eine Desoxyribose folgt immer ein Phosphorsäurerest und dann wieder eine Desoxyribose. Hierbei sind die einzelnen Bausteine durch eine chemische Bindung (*Phosphodiesterbindung*) zwischen C-3' und C-5' der Desoxyribosen miteinander verknüpft. Das Molekül besitzt wegen der 3'-5'-Bindung zwischen Zucker und Phosphorsäurerest einen Richtungssinn.

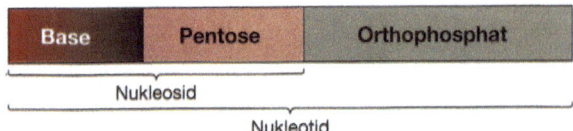

Abb. 6. Schema zum Aufbau und zur Nomenklatur eines Nukleotids.

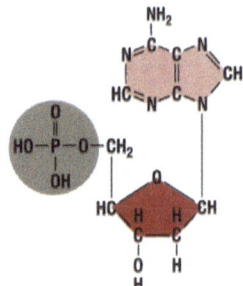

Abb. 7. DNA-Nukleotid (hier Adenin als Base).

Als weitere Bausteine enthält das DNA-Molekül stickstoffhaltige *Basen,* wobei hiervon vier verschiedene vorkommen. Es sind dies *Adenin (A), Guanin (G), Cytosin (C)* und *Thymin (T)* (Abb. 5). An jeder Desoxyribose hängt am C-Atom 1' eine dieser Basen. Man bezeichnet die Verbindung Base-Desoxyribose als *Nukleosid,* die Verbindung Base-Desoxyribose-Phosphorsäurerest als *Nukleotid* (Abb.6 und 7).

Kristallographische Untersuchungen zeigen, daß die DNA eine Schraubenstruktur besitzt. Weiter läßt sich aus den Molekülverhältnissen ersehen, daß es sich um eine Doppelschraube *(Doppelhelix)* handeln muß. Dabei ist das Verhältnis von Adenin zu Thymin und von Guanin zu Cytosin in der Doppelhelix immer 1:1.

Abb. 8. Struktur der DNA.

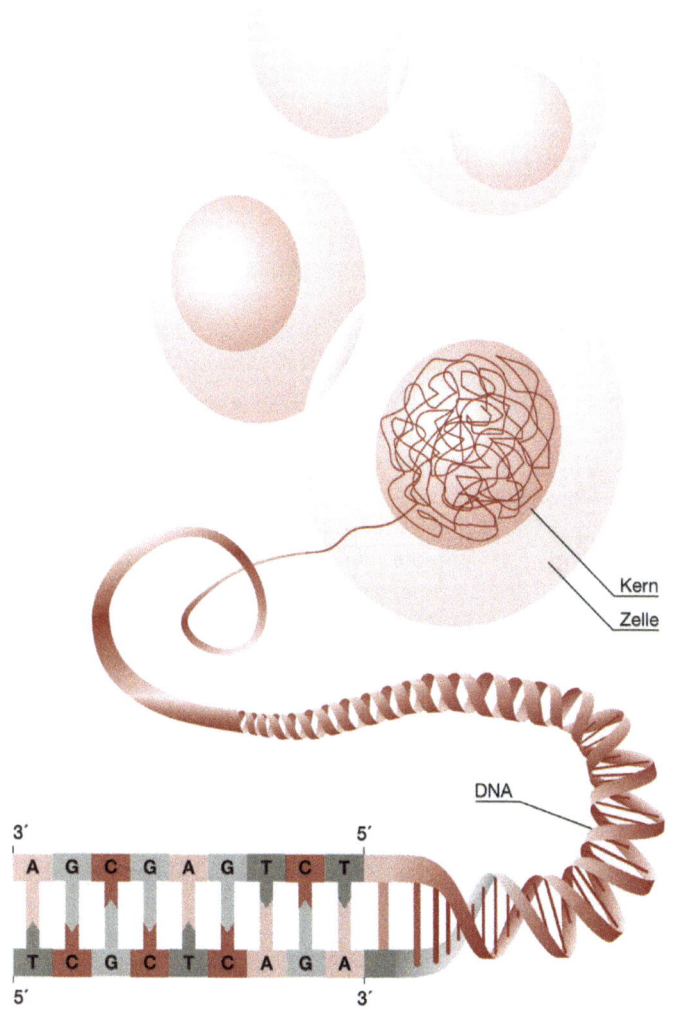

Die Doppelhelix besteht also aus zwei *Polynukleotidsträngen*, die eine gegenläufige Polarität besitzen und zu einer Doppelschraube umeinandergewunden sind. Dabei bilden jeweils zwei sich gegenüberliegende, zueinander komplementäre und senkrecht zur Halbachse stehende Basen Wasserstoffbrücken aus. Es paart sich Adenin stets mit Thymin und Guanin stets mit Cytosin. Der Drehsinn der Spirale ist aufsteigend entgegengesetzt zum Uhrzeigersinn (Abb. 8).

Die Informationsspeicherung

Wir haben also nun die biologische Hardware, die Doppelhelix, kennengelernt. Wie aber ist die Software abgespeichert? Der Computer benutzt zur Darstellung eines Begriffes zwei unterschiedliche Zeichen, nämlich 0 und 1. Die Natur benutzt zum Aufbau ihrer *Proteine* 20 verschiedene Grundeinheiten, die *Aminosäuren*, die wir später noch kennenlernen werden. Die Anzahl der Zeichen, die der Computer zur Verarbeitung eines Begriffes benötigt, ist sehr verschieden, so wie wir auch in unserer Sprache eine unterschiedliche Zahl von Buchstaben benötigen, um einen Begriff zu definieren.

Ganz ähnlich verhält es sich beim Aufbau der Proteine. Auch hier wechselt die Zahl der in einer Proteinkette verwendeten Aminosäuren beträchtlich. Nun wäre es aber sehr ungünstig für die 20 Aminosäuren, aus denen alle Proteine aufgebaut sind, 20 Schriftzeichen zu verwenden. Auch der Computer verwendet nicht 26 verschiedene Buchstaben, wie wir in unserer Schrift, sondern nur zwei.

Auch die DNA chiffriert die einzelnen Aminosäuren. Hierzu benutzt sie die 4 verschiedenen Zeichen, nämlich die Basen Adenin, Guanin, Cytosin und Thymin, die wir gerade kennengelernt haben. Nun ist es evident, daß nicht ein Nukleotid eine Aminosäure determinieren kann, auch zwei Nukleotide reichen nicht aus, da sich aus ihnen, wie man leicht errechnen kann, nur 16 verschiedene Zweiergruppen bilden lassen, also nur 16 Aminosäuren kodiert werden könnten.

Die benötigte Mindestzahl ist also drei Nukleotide, und genau dieser *Triplett-Raster-Code* ist auch tatächlich der von der Natur gewählte Weg. Eine Aminosäure wird durch drei Nukleotide kodiert. Man nennt dieses Triplett ein *Codon*. Die Aufeinanderfolge der vier verschiedenen Nukleotide in der DNA ist also nicht zufällig, sondern jedes Nukleotid ist in einer unperiodischen Anordnung sinnvoll festgelegt.

Allerdings ermöglicht der Triplett-Raster-Code die Konstruktion von 4^3 = 64 verschiedenen Nukleotidtripletts. Es stehen also 20 Aminosäuren, die tatsächlich gebraucht werden, 64 verschiedenen Nukleotidtripletts gegenüber. Dies ermöglicht eine *Degeneration* des Codes, die tatsächlich auch existiert. So wird z.B. die Aminosäure, die als Alanin bezeichnet wird, durch die Codonen GCG, GCA. GCC und GCU kodiert.

Es fällt sofort auf, daß sich die verschiedenen Codonen für Alanin nur im letzten Nukleotid unterscheiden. Es sieht also so aus, als ob eine Aminosäure durch die beiden ersten Plätze allein im Triplett bestimmt ist. Eine solche Degeneration kann man als logisch bezeichnen. Unlogisch wäre eine Degeneration dagegen, wenn eine Aminosäure durch völlig verschiedene Codonen gekennzeichnet wäre. Auch dieser Weg ist in der Natur beschrieben. So ist z. B. Serin durch die Nukleotidtripletts UCU, UCC, UCA, UCG AGC und AGU kodiert. Die ersten vier Tripletts passen als Gruppe in das logische System, genauso die Tripletts 5 und 6. Betrachtet man jedoch alle 6 Codonen im Block, so kann die Kodierung von Serin

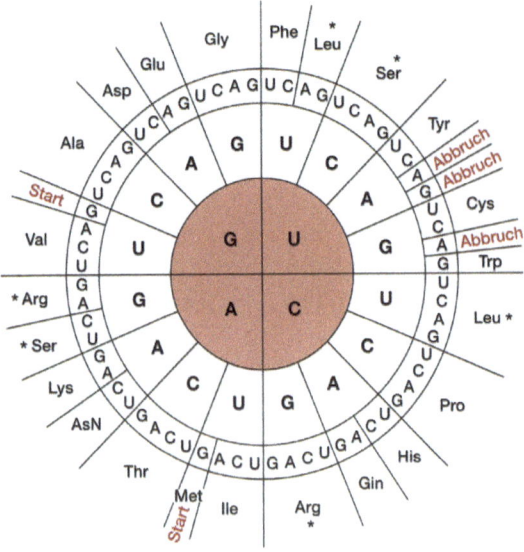

Abb. 9. Code Sonne – eine übersichtliche Darstellung aller Codonen. Sie wird von innen nach außen gelesen. Markiert sind die Stellen für Start und Abbruch.

insgesamt nicht als völlig logisch betrachtet werden. Ähnliches gilt für andere Aminosäuren.

Es gibt aber auch Codonen, die für keine Aminosäure kodieren. Es sind dies genau drei Codonen. Sie bedeuten *Abbruch*. Durch sie kommt die Proteinsynthese zum Stehen. Ebenso gibt es ein Codon, an dem die Proteinsynthese beginnt. Die DNA hat also die Möglichkeit, eine bestimmte Strecke genau zu kennzeichnen, innerhalb der ein Protein hergestellt werden soll (Abb. 9).

4 Gene – das »Gedächtnis« der Natur

Wir sind nun in der Lage, den Begriff des Gens molekular zu verstehen, und haben damit biologisch lesen gelernt:

 Ein Gen ist ein Abschnitt der DNA, der ein funktionelles Produkt kodiert.

Unserer Beispielfamilie könnte man jetzt erklären, daß das Gen, das die Erkrankung ihres Jungen verursacht, eine Größe von 2000 kbp (1 Kilobasenpaar = 1000 Basenpaare) besitzt. Es ist das größte menschliche Gen, das bis jetzt überhaupt bekannt ist.

Obwohl das Prinzip jetzt klar ist, sollten wir noch etwas beim Genaufbau verweilen. Merkwürdigerweise sind nämlich Gene in der Regel tatsächlich viel länger, als das von ihnen kodierte Produkt, eine Proteinkette. Ein rätselhafter Vorgang, dessen biologische Bedeutung noch keineswegs verstanden ist. Man hat aber festgestellt, daß innerhalb eines Gens *sinnvolle* Information mit – nach dem heutigen Stand unseres Wissens – offenbar *sinnloser* abwechselt.

Die Abschnitte mit sinnvoller Information bezeichnet man als *Exons*, die mit sinnloser als *Introns*, man könnte sagen als Einfügungen. Außerdem besitzt jedes

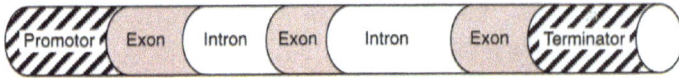

Abb. 10. Schematisierter Aufbau eines Gens.

Gen noch eine komplizierte Vorstruktur, eine lange Reihe von Nukleotiden, die genau kenntlich machen, von wo ab die Information abgelesen werden soll, wo quasi die Kopiermaschine aufspringt, die die Information verarbeitet. Man bezeichnet diese Vorstruktur als *Promotor*. Wo ein Anfang ist, da ist auch ein Ende, ein *Terminator*, der das Signal gibt: Ende des Gens, nicht weiter kopieren (Abb. 10).

Zusammenfasssend kann also ein Gen folgendermaßen beschrieben werden:

- Es ist ein Abschnitt der DNA, der ein funktionelles Produkt kodiert. Sinnvolle Information (Exons) wechselt mit sinnloser Information (Introns) ab.
- Anfang (Promotor) und Ende (Terminator) sind vorhanden und begrenzen die Leseeinheit.
- Das Lesen eines Gens funktioniert folgendermaßen:
    Drei Nukleotide sind die Leseeinheit, die 4 Basen der Nukleotide sind die Buchstaben.
    Die Nukleotide sind linear angeordnet.

Wie viele Gene besitzt der Mensch?

Wie wir aus neueren Daten wissen, ist ein Gen durchschnittlich aus 20000–50000 Basenpaaren aufgebaut. Aber innerhalb der Gene befindet sich eine ganze Menge nicht sinnvoller Information, nämlich die Introns. Diese machen tatsächlich ca. 90 % aus, so daß die verwertbare Information pro Gen ungefähr 2000 Basenpaare betrifft. Nun wissen wir aber auch, daß jede menschliche Zelle insgesamt ungefähr 3×10^9 Nukleotidpaare besitzt, wenn man den gesamten DNA-Bestand zusammenfaßt. Dies bedeutet, daß das menschliche Erbgut, das man auch in seiner Gesamtheit als *Genom* bezeichnet, etwa 1,5 Millionen Genen Platz bieten würde. Aber in Wirklichkeit deuten alle vorhandenen Daten daraufhin, daß das menschliche Genom nur 20000–100000 Gene enthält.

Die Erklärung für dieses Mißverhältnis besteht darin, daß der größte Teil des menschlichen Erbgutes nicht für Gene zur Verfügung steht, sondern für Introns und für Basensequenzen, die teilweise für die innere Organisation der DNA, interne Steuerungsmechanismen und das Zusammenfügen der Aminosäuren zu Proteinketten verantwortlich sind. Ein großer Teil der DNA hat für uns bis jetzt überhaupt keine erkennbare Funktion, vielleicht ist er Müll aus der Entwicklungsgeschichte, oder umgekehrt Reserve für noch niederzuschreibende Funktionen der Zukunft – oder beides.

5 Das Erbgut wird verpackt

Die DNA schwimmt nicht als langes Fadenmolekül im Zellkern herum, sondern sie ist portioniert und hoch geordnet in Einheiten verpackt, die man *Chromosomen* nennt. Dabei ist die Anzahl und Form dieser Chromosomen typisch für die *Art,* der ein Individuum angehört. So hat der Mensch z. B. 46 solcher Chromosomen.

Bevor wir jedoch alle Chromosomen des Menschen betrachten, sollten wir uns erst einmal die Organisation einer einzelnen Verpackungseinheit, eines einzelnen Chromosoms betrachten.

Ein einzelnes Chromosom besteht aus einem DNA-Faden, der, wollte man ihn der Länge nach ausbreiten, ungefähr 5 cm lang ist. Würde man alle menschlichen Chromosomen aneinanderreihen und lang ausgestreckt messen, so ergäbe dies einen Faden von ca. 2 m Länge. Man versteht, daß dieser Faden hoch organisiert geordnet werden muß, denn der Platz im Zellkern ist gering (ein Zellkern hat nur einen Durchmesser von meist weniger als 1/100 mm). Man käme sonst zu einem heillosen Durcheinander, ähnlich einem nicht aufgewickelten, verknoteten und verwirrten Wollknäuel.

Bei der Ordnung der DNA im Zellkern spielen spezifische Proteine eine Rolle, die eine kugelähnliche

Abb. 11. Die Verkürzung des DNA-Fadens zu einem Chromosom.

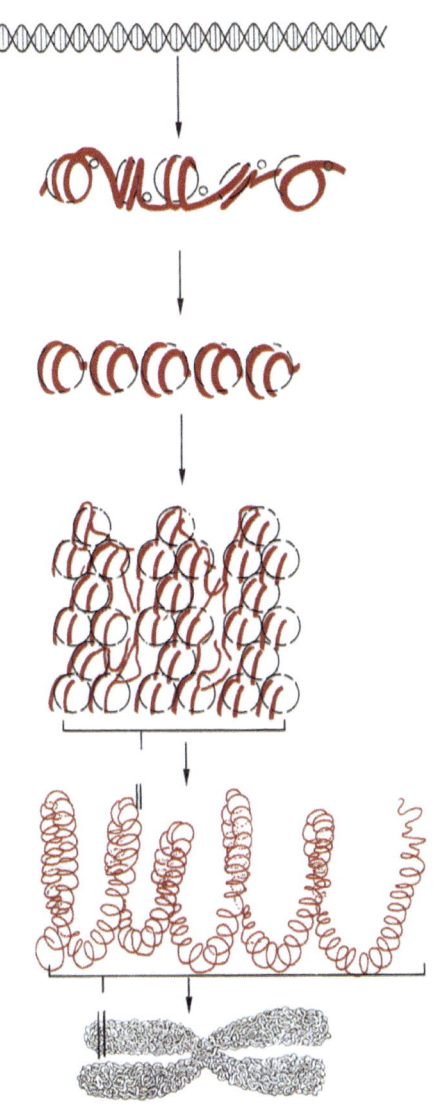

Abb. 12. Chromosom in höchstem Kondensationszustand.

Form haben, und um die der DNA-Faden aufgewickelt ist. Der DNA-Faden ist aber nicht nur um eine einzige Kugel gewickelt, wie ein Wollknäuel, sondern es gibt viele Kugeln, die hintereinander liegen und um die jeweils ein Stück des Fadens gewickelt ist. Dies verkürzt den Faden bereits erheblich. Leider ist er aber immer noch zu lang. Daher werden die umwickelten Kugeln nochmals spiralig aufgedreht und dieses Gebilde wiederum in Schleifen gelegt (Abb. 11).

Eine dritte und letzte Aufwindung führt dann schließlich zu der typischen Chromosomenform wie wir sie in Abb.12 sehen. Der DNA-Faden wurde nun auf ein 20000stel seiner ursprünglichen Länge verkürzt. In dieser höchsten Verpackungsform befindet sich die DNA im Chromosom allerdings nicht immer, sondern nur in gewissen Funktionszuständen, wie der *Zellteilung*. Dies ist in den meisten Fällen auch die geeignete Analyseform für ein Chromosom; man kann es so unter dem Lichtmikroskop gut beobachten.

6 Die Chromosomen des Menschen

Die menschlichen Körperzellen enthalten 46 Chromosomen. Die Chromosomen von Frauen lassen sich z. B. auf einem Photo von einer mikroskopischen Aufnahme nach Größe und Form zu 23 Paaren anordnen. Beim männlichen Geschlecht finden wir 22 von diesen 23 Paaren. Daneben existieren zwei unpaare Chromosomen, von denen das größere, das *X-Chromosom*, auch bei der Frau – hier aber doppelt – vorhanden ist. Das kleinere, das *Y-Chromosom*, kommt nur beim Mann vor.

Die 22 Paare, die bei beiden Geschlechtern gleich sind, heißen *Autosomen*. Ihnen gegenüber stehen die beiden Chromosomen, die für das Geschlecht eines Menschen verantwortlich sind, die Geschlechtschromosomen oder *Gonosomen:* XX bei der Frau, XY beim Mann.

Die Chromosomen lassen sich nach ihrer Länge und der Lage einer deutlich erkennbaren Einschnürung voneinander unterscheiden. Nach diesen Kriterien ist eine Unterteilung in 7 Chromosomengruppen möglich, die man mit A, B, C, D, E, F und G bezeichnet. Schneidet man die Chromosomen aus einer Photographie aus, kann man sie nach dieser Einteilung zu einem Schema ordnen, das man als *Karyogramm* bezeichnet.

Die weitere Einteilung geschieht im wesentlichen nach der Größe, wobei wir gleichzeitig lernen, daß die

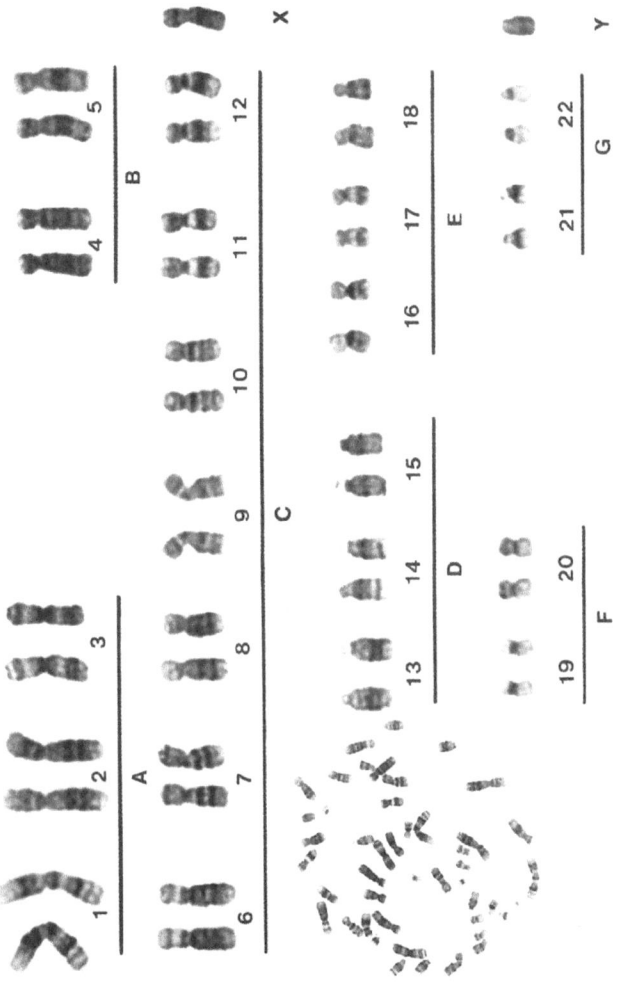

Abb. 13. Die Chromosomen des Menschen zu einem Karyogramm geordnet.

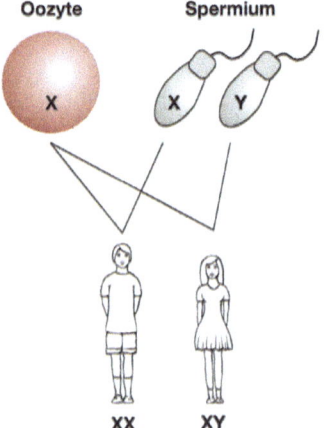

Abb. 14. Die Verteilung der Gonosomen als Kriterium für das entstehende Geschlecht.

einzelnen menschlichen Chromosomen sehr verschieden groß sind (Abb. 13). Von den jeweiligen Chromosomenpaaren stammt jeweils ein Chromosom von der Mutter und eines vom Vater. Wir erben also im Normalfall von jedem Elternteil 23 Chromosomen, so daß jede Körperzelle mit ihren 46 Chromosomen die volle genetische Information besitzt, die wir von beiden Eltern geerbt haben.

 Da wir eben von jedem Elternteil erben, ist im Prinzip die Information und damit jedes Chromosom doppelt vorhanden (daher die Chromosomenpaare!).

Dieses doppelte Vorhandensein beinhaltet jedoch nicht die identische doppelte Information: Wie bei den Erbsen von Gregor Mendel sind nämlich die einzelnen Informationen in den Genen durchaus qualitativ verschieden. Das, was daraus entsteht, ist also tatsächlich eine 50 %ige Mischung aus Mutter und Vater.

Für die Ausbildung des Geschlechts sind die Gonosomen verantwortlich, also das Chromosomenpaar, das eben als einziges bei der Frau paarig und beim Mann unpaarig ist. Eine *Eizelle* kann immer nur ein X-Chromosom enthalten, da Frauen eben kein Y-Chromosom besitzen. Sie kann mit einem Spermium verschmelzen, das entweder ein X- oder ein Y-Chromosom enthält. Nach der Verschmelzung der beiden Keimzellen bei der *Befruchtung* entsteht aus der Kombination XX ein Mädchen, aus der Kombination XY entwickelt sich ein Junge (Abb. 14).

Wie können Chromosomen sichtbar gemacht werden?

Bei der Beschreibung, wie man die Chromosomen mikroskopisch analysieren kann, sind wir die Erklärung noch schuldig geblieben, wie man Chromosomen überhaupt gewinnt und wie man sie so sichtbar macht, daß sie gut unter dem Mikroskop analysiert werden können.

Zur Chromosomendarstellung ist beim Menschen grundsätzlich jedes Untersuchungsmaterial geeignet, das sich teilende Zellen enthält oder bei dem man künstlich die Zellen zur Teilung anregen kann. Von Bedeutung ist aber auch die Zugänglichkeit, d. h. die möglichst schonungsvolle Entnahme. In der Praxis erfolgen die meisten Chromosomenpräparationen aus:

- Zellen des strömenden Blutes (Lymphozyten),
- Fruchtwasserzellkulturen (für vorgeburtliche Diagnostik des entstehenden Kindes),
- embryonalem Versorgungsgewebe (ebenfalls für vorgeburtliche Diagnostik des entstehenden Kindes).

In vielen Fällen müssen die Zellen aber nach der Entnahme erst angezüchtet werden, da sich im Entnahmematerial zu wenige analysierbare Zellen im richtigen Stadium befinden. Eine solche Kultur dauert in der Regel 3 Tage und findet bei 37 °C, also der Körpertemperatur, im Brutschrank statt.

Zellen, die sich teilen, durchlaufen einen fortwährenden Zyklus von sich teilenden Zellen und geteilten, die zur erneuten Teilung vorbereitet werden. Wichtig ist natürlich, daß vor jeder Teilung, neben anderen Zellbestandteilen, die Chromosomen verdoppelt werden, da ja sonst eine Konstanz von 46 Chromosomen in jeder Körperzelle nicht erhalten bliebe. Diese Verdoppelung geschieht zwischen den einzelnen Teilungszyklen. Nach der Verdoppelung muß dann dafür gesorgt werden, daß auch jede der künftigen beiden Tochterzellen tatsächlich einen richtigen vollständigen Chromosomensatz erhält. Man bezeichnet diesen Vorgang als *Mitose*. Wir werden diesem Geschehen einen eigenen Abschnitt widmen.

So viel sei jedoch bereits jetzt erwähnt: Das Chromosomenstadium, das für die Analyse geeignet ist, ist ein bestimmtes Stadium der Mitose.

Um die Chromosomen in diesem Stadium analysieren zu können, müssen sie durch einen Kunstkniff während der Mitose chemisch arretiert werden. Damit ist es möglich, aus der Kultur genügend geeignete Zellen anzusammeln, um eine chromosomale Untersuchung zu gewährleisten. Die Chromosomen erfahren dann bis zur endgültigen Analysierbarkeit eine weitere Reihe von Präparationsschritten, die vor allem der guten Darstellbarkeit und der Fixierung in der Form dienen, wie sie auch in der intakten Zelle vorliegen.

Ein sehr wichtiger letzter Schritt ist dann die Färbung der auf Objektträger verbrachten Chromosomen. Hier gibt es verschiedene Färbemethoden. Die gängigste

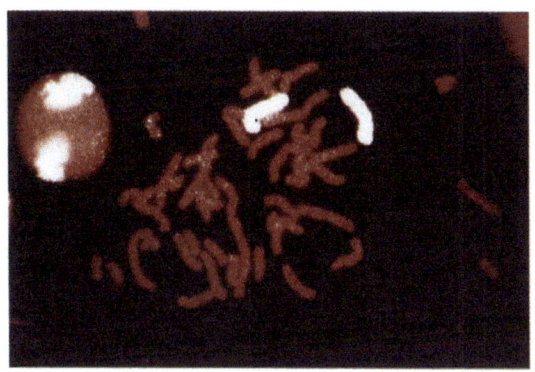

Abb. 15. Chromosomen-Painting, Markierung zweier homologer Chromosomen.

und routinemäßig angewandte ist die *Giemsa-Bänderung*. Diese ist für die Bandenstruktur verantwortlich, wie wir sie in der Abb. 13 sehen und die für jedes Chromosom charakteristisch und konstant ist. Damit ist es möglich, jedes Chromosom genau zu identifizieren, auch bei Chromsomen ähnlicher Größe (s. C-Gruppe in Abb. 13) und die homologen Partner einander zuzuordnen. Damit ist es aber auch möglich bei Chromosomenstörungen, die die Zahl oder Struktur der Chromosomen betreffen können, die beteiligten Chromosomen oder Chromosomenteile zu erkennen.

Für spezielle Feinuntersuchungen bei chromosomalen Störungen gibt es dann noch andere Färbemethoden, die spezifisch spezielle Bereiche von Chromosomen anfärben; man kann neuerdings sogar die Lage einzelner Gene oder DNA-Bereiche sichtbar machen. Letzteres bezeichnet man als In-situ-Hybridisierung oder neuerdings auch als Chromosomen-Painting, eine Methode, die künftig erhebliche Bedeutung erlangen wird (Abb. 15).

7 Wie funktioniert ein Gen?

Gene enthalten alle Informationen zur Herstellung sämtlicher Proteine, die zur Steuerung und Erhaltung aller lebenswichtigen Funktionen erforderlich sind und machen selbst nichts anderes als sich zu reproduzieren. Alle anderen Arbeiten werden von ihnen nur kontrolliert, aber nicht selbst ausgeführt.

Ein Molekül, das sich selbst kopiert

Kaum faßbar für unser Vorstellungsvermögen ist die Gesamtzahl der Zellen eines erwachsenen menschlichen Körpers.

Jeder Mensch besitzt etwa 6×10^{13} Zellen.

Davon sind $3,5 \times 10^{13}$ Gewebszellen. Nur 1 mm^3 Blut enthält rund 600 weiße Blutkörperchen *(Leukozyten)* und 5×10^6 rote Blutkörperchen *(Erythrozyten)*. Der Gesamterythrozytenbestand beträgt etwa $2,5 \times 10^{13}$ Zellen. Pro Sekunde werden etwa $2,5 \times 10^6$ Erythrozyten neu gebildet bzw. gehen zugrunde.

Die Entstehung eines Menschen aus einer einzigen Zelle verlangt also neben der Zelldifferenzierung bei der Organbildung vor allem auch eine ungeheure Zellver-

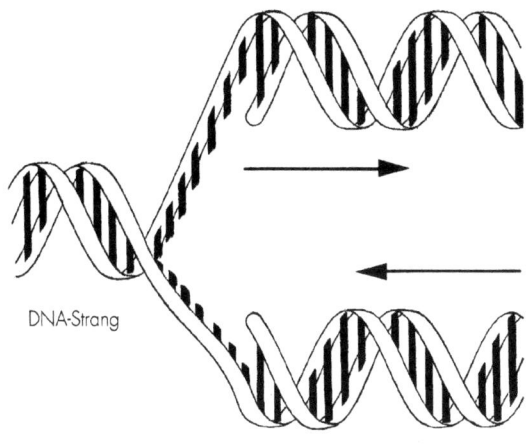

Abb. 16. Die Replikation der DNA.

mehrung. Hinzu kommt der ständige Ersatz verbrauchter Zellen. Da aber jede Zelle die komplette Erbinformation enthält, muß es einen Weg geben, diese zu kopieren.

Auch dieser Vorgang wird von der DNA selbst erledigt. Man bezeichnet ihn als *Replikation*. Die DNA besitzt gerade bezüglich der Replikation einen großen Vorteil. Durch die Komplementarität der Basen ist nämlich die Information im DNA-Molekül doppelt und in jedem Polynukleotidstrang einmal vorhanden. Grundsätzlich ist die Information eines Stranges ausreichend, um die Basensequenz des anderen zweifelsfrei anzugeben. Der erste Schritt zur Kopie eines DNA-Moleküls ist die Entspiralisierung der Doppelschraube (Doppelhelix). Anschließend öffnen sich die beiden Polynukleotidstränge wie ein Reißverschluß.

Die DNA liegt nun in Form von zwei Einzelsträngen vor. Nun kann sich jede Base der beiden getrennten Stränge aus dem vorhandenen Vorrat der verschiedenen

Nukleotide der Zelle das Nukleotid mit der zu ihr passenden komplementären Base suchen, wodurch neue Stränge mit Nukleotiden der richtigen Sequenz entstehen. Jeder Ausgangsstrang dient gleichsam als Matrize für den neu zu synthetisierenden (Abb. 16).

Dabei paart sich je ein Ausgangsstrang mit einem neu synthetisierten Strang. Das Endergebnis sind zwei DNA-Moleküle, wobei jedes aus je einem alten und einem neu synthetisierten Polynukleotidstrang besteht; *das Molekül hat sich also selbst kopiert.*

Zusammenfassend läßt sich also feststellen, daß die DNA, die die Erbinformation trägt, die *Informationsspeicherung* erlaubt und die Möglichkeit der identischen *Replikation* besitzt.

Wie bei jedem Kopiervorgang unterlaufen auch der DNA Fehler bei der Replikation. Es werden ab und zu falsche Basen eingebaut. Durch komplizierte *Reparaturmechanismen* ist in der Regel aber die DNA in der Lage, solche Fehler selbst zu erkennen und durch Einsetzen der richtigen Information in den neu synthetisierten Polynukleotidstrang zu reparieren.

Aber wie jeder Korrektor, so ist auch die DNA nicht perfekt. Ab und zu unterlaufen Fehler, die übersehen werden. Man bezeichnet diese als *Mutationen*. Dies kann in Körperzellen weitreichende Folgen haben. Wenn eine solche Mutation nämlich z. B. eine Zelle veranlaßt, sich unkontrolliert weiter zu teilen, so kann daraus ein Tumor entstehen. In Keimzellen kann dies der auslösende Mechanismus für die Entstehung eines geschädigten Kindes sein. Exogen auslösende Faktoren können dieses Risiko dann deutlich erhöhen, wenn sie, wie z.B. *ionisierende Strahlen,* bestimmte *chemische Agentien* oder auch bestimmte *Viren,* selbst Mutationen induzieren. Hierdurch werden dann die Reparaturmechanismen der DNA überlastet. Die katastrophalen Folgen hiervon wurden bereits angedeutet.

Das Lesen und Übersetzen der Genbotschaft in Proteine

Wir wissen, was ein Gen ist, wie es chemisch aufgebaut ist, mit welcher Schrift seine Information geschrieben ist, wie es sich vermehrt und wie es in den Chromosomen verpackt ist.

Wie aber liest die Zelle die Botschaft der Gene und wie verwertet sie die erhaltene Information im Stoffwechselgeschehen?

Hier existiert zunächst einmal das Problem der Nachrichtenübermittlung, da die Gene in Chromosomen – also im Zellkern – sitzen, der Stoffwechsel aber außerhalb des Zellkerns im Zytoplasma der Zelle stattfindet (Abb. 17).

Wie bei jeder Nachrichtenübermittlung braucht auch die DNA einen Boten. Bei der Post ist es ein Briefträger, bei Nachrichtennetzen der elektrische Strom, bei der DNA ist es wiederum ein Molekül – ein Molekül, das sogar einen ganz ähnlichen Aufbau besitzt, wie er uns von der DNA bekannt ist.

Es ist die *Ribonukleinsäure (RNA)*, die die Aufgabe der Übersetzung in Proteine wahrnimmt. Dabei unterscheidet sich die RNA von der DNA grundsätzlich durch den Besitz einer Ribose statt einer Desoxyribose (Abb. 18).

Auch bezüglich der Basen gibt es einen Unterschied. Anstelle des Thymins der DNA ist in die RNA Uracil eingebaut (Abb. 19).

Außerdem liegt die RNA im Gegensatz zur DNA immer einsträngig und niemals als doppelsträngiges Mo-

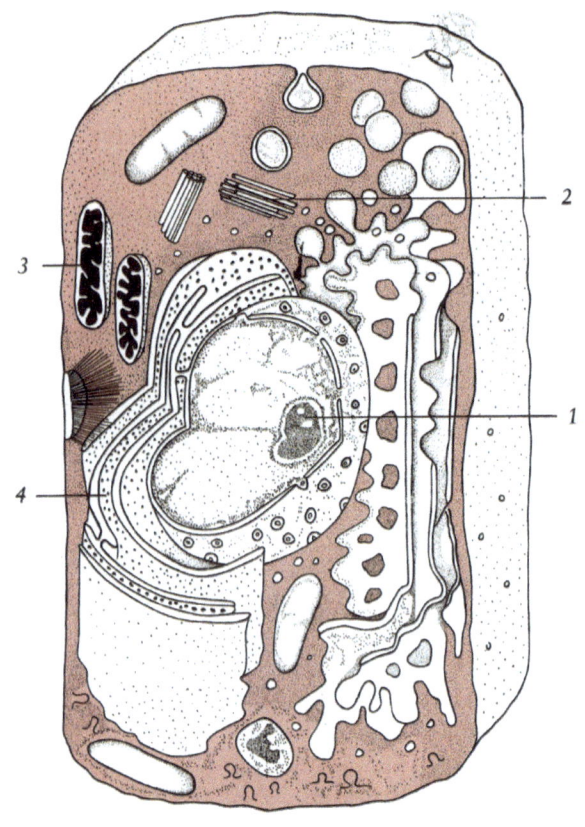

Abb. 17. Schematischer Aufbau einer Zelle. *1* Aufgeschnittener Zellkern, *2.* Zentriol, *3* Mitochondrium, *4* Ribosomen.

Abb. 18. Desoxyribose der DNA und Ribose der RNA.

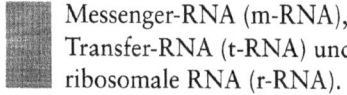

Abb. 19. Die Basen Uracil und Thymin.

lekül vor. Sie wird an der DNA gebildet, wobei es allerdings drei verschiedene Untertypen von RNA gibt, die bei dem zu beschreibenden Prozeß verschiedene Funktionen übernehmen. Man unterscheidet

Messenger-RNA (m-RNA),
Transfer-RNA (t-RNA) und
ribosomale RNA (r-RNA).

Die Messenger-RNA oder *Boten-RNA* trägt die Information der Gene ins Zytoplasma. Man bezeichnet diesen Vorgang der Informationsübertragung als *Transkription*.

Transkription

Die Biosynthese der Proteine erfolgt im Zytoplasma. Die Information über den Bau der Proteine – sozusagen die Konstruktionspläne – liegt in der DNA im Zellkern, ohne diesen jemals zu verlassen. Von diesen Origi-

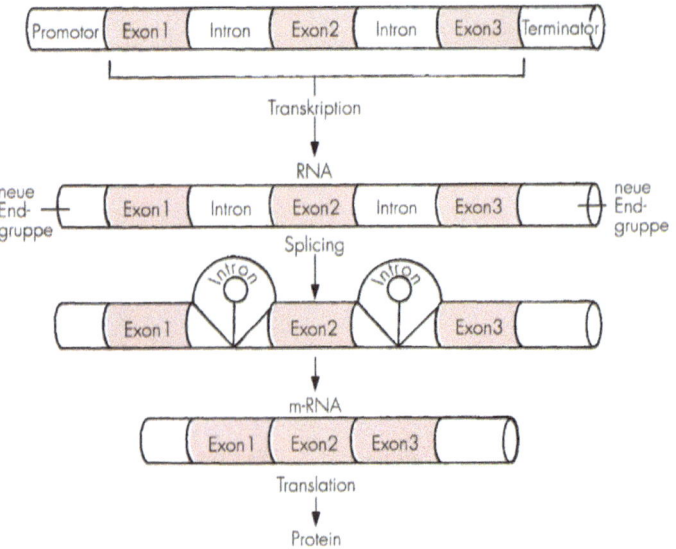

Abb. 20. Transkription eines Gens und Processing zur m-RNA.

nalplänen macht nun die Zelle eine Negativkopie in Form einer m-RNA. Dabei wird einer der beiden DNA-Stränge in m-RNA übersetzt. Enzyme vermitteln den Kopiervorgang, und mit ihrer Hilfe wird auch das Startsignal der zu kopierenden Information erkannt. Startsignale sind die Promotoren, die wir beim Genaufbau bereits kennengelernt haben. Abgebrochen wird der Kopiervorgang an den Terminatoren der Gene.

Allerdings ist die so im Zellkern synthetisierte RNA wesentlich größer als die im Zytoplasma gefundene. Im Verlauf des Transports vom Kern zum Zytoplasma wird sie dann in die endgültige Form zurechtgeschnitten. Man bezeichnet diesen gesamten Vorgang als *Processing*. Dieses Zurechtschneiden besteht vorwiegend aus einem Wegschneiden und Zusammenfügen (Abb. 20).

Wir können uns aus unserer Kenntnis des Gens bereits vorstellen, welche Teile weggeschnitten werden. Es sind die Introns, die verbleibenden Exons werden zur endgültigen, dann verarbeitbaren m-RNA zusammengefügt. Letzteren Vorgang bezeichnet man als *Splicing*. Aber es wird nicht nur weggeschnitten, sondern es werden auch an beiden Enden Gruppen hinzugefügt, die im primären Transkriptionsprodukt nicht vorhanden waren. Wir wollen diesen Vorgang im einzelnen nicht besprechen, da er zwar für die Bildung der Proteine, jedoch für unser Verständnis des Geschehens nicht notwendig ist.

Der Bote ist uns also nun bekannt, aber was ist der Zielort der Botschaft? Bisher haben wir hier immer etwas großzügig vom Zytoplasma gesprochen. Wir haben den Zellkern als hoch geordnetes Gebilde kennengelernt, die Schaltzentrale, die die Erbinformation beinhaltet. Das Zytoplasma ist nun die chemische Fabrik. Wie in jeder vernünftigen Firma verläuft auch hier die Produktion geordnet, jedem Produktionsstandort ist ein genauer Platz zugewiesen, sozusagen die Produktionshalle. Wir wollen nun nicht gleich die ganze Fabrik Zelle auf einmal besichtigen, uns aber die Produktionshalle, in der die Proteine produziert werden, genauer ansehen.

Wir erkennen in der Abb. 17, daß die Zelle durch die Membranen in deutlich abgegrenzte Räume und verschiedene Zellpartikel aufgeteilt und jedes einzelne kompliziert aufgebaut ist. Uns interessieren die kleinen Körperchen zwischen den Membranen. Sie werden als *Ribosomen* bezeichnet, und in eben diesen Ribosomen werden unsere Proteine gebildet.

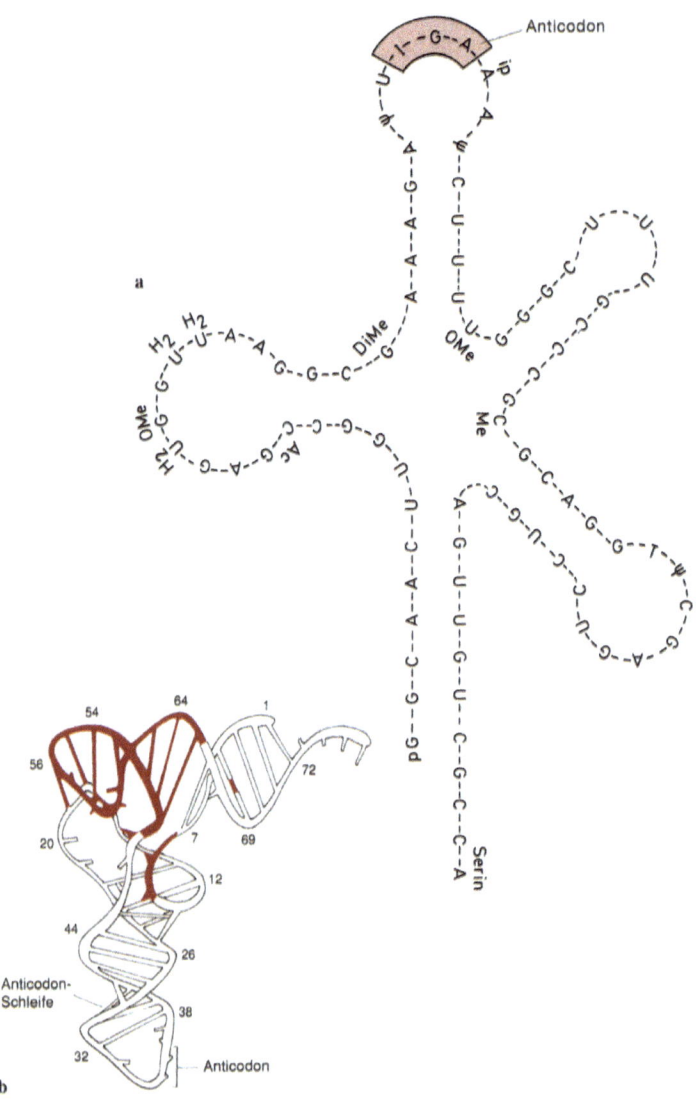

Translation

Dabei bezeichnet man den gesamten Vorgang der Übersetzung der m-RNA in Protein als Translation. Hier wird nun der 2. Untertyp von RNA, die ribosomale RNA (r-RNA), benötigt. Aus verschiedenen Einheiten dieser RNA sind zusammen mit Proteinen nämlich die Ribosomen aufgebaut, und spezifische Bindungen zwischen m-RNA und r-RNA vermitteln die Herstellung der Proteine. Dabei ist es gleichgültig, welches Protein hergestellt werden soll; die Ribosomen sind die universellen Druckmaschinen der Zelle. Die Spezifität des Proteins wird alleine durch die Basenreihenfolge der m-RNA bestimmt.

Druckerei und Druckstock sind also vorhanden. Wie kommen jedoch die Aminosäuren an den Ort des Geschehens? Es ist der 3. Untertyp an RNA, dem diese Aufgabe zugedacht ist, die Transfer-RNA (t-RNA). Sie transportiert die Aminosäuren zu den Ribosomen.

Fassen wir also diesen kompliziertn Vorgang der Proteinbiosynthese nochmals zusammen:

DNA: Der Träger der Erbinformation im Zellkern.
m-RNA: Der Bote, der die Information zu den Ribosomen trägt und dort als Druckstock fungiert.
Transkription: Der Vorgang der Übersetzung von DNA in m-RNA.
r-RNA: Bestandteil der Ribosomen, die als universelle Druckmaschinen fungieren.
t-RNA: Der Materialtransporteur, der die Aminosäuren zu den Ribosomen bringt.
Translation: Der Übersetzungsvorgang von m-RNA in Protein.

Abb. 21.a t-RNA mit der Aminosäure Serin beladen (schematisch), **b** dreidimensionale Darstellung.

Hiermit haben wir die Grundzüge des vielleicht wichtigsten Vorganges in der Biologie im Prinzip verstanden. Um den eigentlichen Ablauf zu verstehen, ist es notwendig, einige Strukturmerkmale der t-RNA und anschließend den eigentlichen Druckvorgang zu beschreiben.

Da es in der Zelle 20 verschiedene Aminosäuren gibt, ist auch für jede dieser Aminosäuren eine streng spezifische t-RNA vorhanden. t-RNA-Moleküle besitzen etwa die Form eines Kleeblattes (Abb. 21). Wichtig für unser Verständnis sind der Stiel und vor allem die mittlere Kleeblattschleife.

Am Stiel wird die für jede t-RNA spezifische Aminosäure angeheftet. Die mittlere Kleeblattschleife ist durch ein für die angeheftete Aminosäure charakteristisches Basentriplett gekennzeichnet. Dieses als *Anticodon* bezeichnete Basentriplett ist komplementär zu dem die entsprechende Aminosäure kodierenden Triplett auf der m-RNA und dient dem Ablesen des m-RNA-Druckstocks.

Für den eigentlichen Druckvorgang lagern sich an transkribierte m-RNA-Sequenzen Ribosomen an. Dabei hat jedes Ribosom zwei Plätze, die von t-RNA Molekülen besetzt werden können. Beim Start der eigentlichen Herstellung eines Proteins werden entsprechend der Sequenz der m-RNA an deren erste 2 Codonen die passenden Anticodonen von 2 t-RNA Molekülen angeheftet. Danach werden die von ihnen getragenen Aminosäuren durch eine spezifische chemische Bindung verknüpft. Anschließend rutscht die m-RNA ein Nukleotidtriplett weiter und mit ihr die beiden t-RNA. Damit wird wieder eine Position für die Verknüpfung der nächsten aus dem Plasma kommenden mit einer Aminosäure beladenen t-RNA frei. Dieser Vorgang wird so lange wiederholt, bis das Protein fertiggestellt ist (Abb. 22). Dabei kommen an der

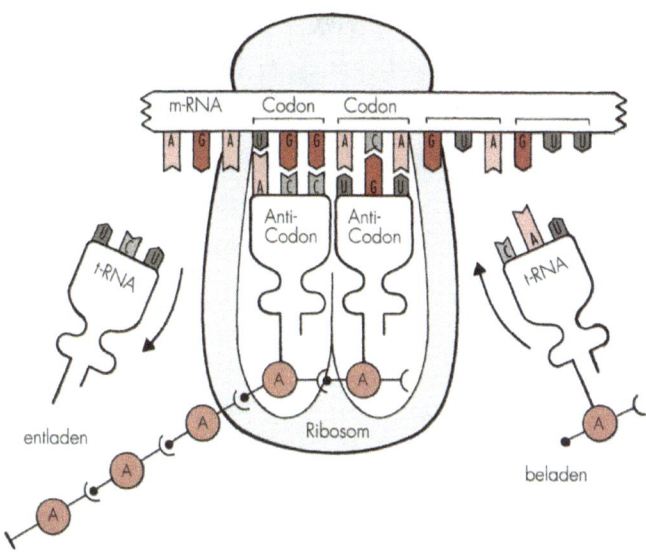

Abb. 22. Schema der Translation (*A* Aminosäure).

einen Seite des Ribosoms immer neue mit Aminosäuren beladene t-RNA-Moleküle an, an der anderen Seite werden sie nach Verknüpfung der Aminosäuren abgelöst und können ins Zellplasma zurückwandern, um sich neu zu beladen.

8 Wie wird der Mensch zu einem vielzelligen Individuum?

Um die Frage nach der Entstehung höheren Lebens zu beantworten, müssen wir uns mit der Entwicklung und Vermehrung von Zellen befassen.

So wie die einfachsten Organismen aus einer einzigen Zelle bestehen, besteht auch der Mensch nach der Verschmelzung von Eizelle mit Spermium zuerst aus einer einzigen Zelle, der *Zygote*. Der sich anschließende Prozeß der Entwicklung und Differenzierung ist zuerst ein Prozeß der *Zellvermehrung*. Zellvermehrung ist während des gesamten Lebenslaufes ein basal notwendiger Vorgang: Sie ist Voraussetzung sowohl für die Embryonalentwicklung wie auch für das Größenwachstum.

Beim erwachsenen Menschen sind Zellvermehrungen in erheblichem Umfang Voraussetzung zur Erhaltung der vitalen Lebensprozesse, wie z.B. beim blutbildenden System oder auch der Wundheilung. Leider ist die Zellvermehrung auch verantwortlich für die Entstehung von Tumoren und ist eine ungewollte Entgleisung genau der Prozesse, die diese lebenswichtige Zellvermehrung steuern.

Die Zellvermehrung von Körperzellen geschieht über Zellteilung. Man bezeichnet den zentralen Vorgang hierbei als *Mitose*. Wir erinnern uns daran, daß vor jeder Zellteilung die Chromosomen verdoppelt werden. Eine

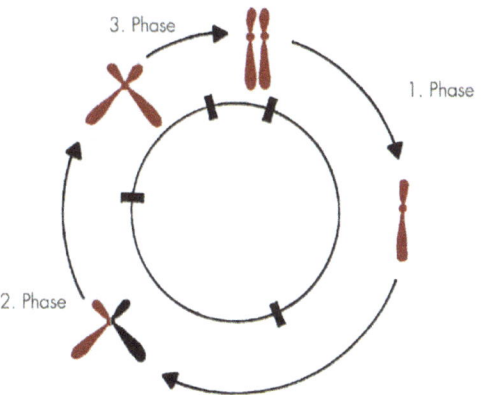

Abb. 23. Der Zyklus zwischen 2 Mitosen.

Zelle, die gerade eine Zellteilung durchlaufen hat und sich auf die nächste Zellteilung vorbereitet, durchläuft eine Folge von physiologisch unterschiedlichen Phasen.

Die erste Phase ist die Wachstumsphase der Zelle. Sie ist eine Phase hoher Proteinsyntheseaktivität. So werden die Proteine für den in der Mitose benötigten Verteilungsapparat der Chromosomen gebildet. Es werden Enzyme für die Vermehrung der DNA bereitgestellt; man kann einen Anstieg der RNA-Synthese messen.

Danach folgt eine zweite Phase, die im wesentlichen durch die Verdoppelung der DNA gekennzeichnet ist. Nach Abschluß dieses Prozesses besteht jedes Chromosom aus zwei identisch aufgebauten Untereinheiten, die man als *Chromatiden* bezeichnet. Genau diese werden bei jedem Chromosom in der nächsten Mitose getrennt und auf die beiden entstehenden Tochterkerne verteilt. Ist die Synthesephase abgeschlossen, verstreicht meist noch relativ kurze Zeit – man bezeichnet dies als die 3. Phase – bis die eigentliche *Kernteilung* (Mitose) beginnt (Abb. 23).

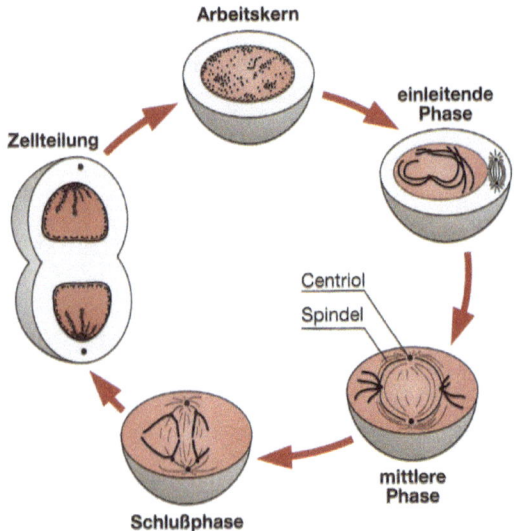

Abb. 24. Die Mitose.

Bei der Mitose handelt es sich ausschließlich um die Verteilung des replizierten DNA-Materials auf zwei Tochterzellen. Die Mitose ist exakt erbgleich, d. h. die beiden Tochterzellen enthalten infolge exakter Chromatidenverteilung die gleiche genetische Information.

In Kap. 5 bei der »Verpackung des Erbgutes« haben wir bereits beschrieben, daß für die Zellteilung die Chromosomen ihren höchsten Spiralisationsgrad erreichen. Während sie in Funktionszuständen, in denen die Gene abgelesen werden müssen, weitgehend entspiralisiert sind, werden sie nun in der einleitenden Phase der Mitose durch Spiralisation verdichtet. Am Ende dieser Phase liegen sie in einer physiologisch inaktiven »Transportform« vor. Jedes Chromosom besteht nun aus den beiden Tochterchromatiden. Außerdem wandern zwei für die mechanische Teilung wichtige Zellpartikelchen, die als *Zentriolen* bezeichnet werden, zu den beiden Polen der Zelle (Abb. 24).

Die darauf folgende mittlere Phase kündigt sich durch die Auflösung der Hülle des Zellkerns an. Die Chromosomen liegen nun frei in der Mitte des Zytoplasmas. Anschließend bildet sich der eigentliche Verteilungsapparat aus. Er hat den Aufbau einer *Spindel,* die sich zwischen den Zentriolen organisiert. Ein Teil der Fäden dieser Spindel greift nun an den bekannten Einschnürungen der Chromosomen an (s. Kap. 6). Im Verlauf von wenigen Minuten gelangen diese Spindelfaseransatzstellen in die Symmetrieebene zwischen beiden Spindelpolen. Die beiden identischen Spalthälften der Chromosomen, die Chromatiden, hängen noch an der beschriebenen Einschnürung zusammen.

Im weiteren Ablauf, dem Beginn der Schlußphase, teilen sich nun auch diese Einschnürungen in der Längsachse der Chromosomen und geben damit die Chromatiden für die Trennung frei. Dann erfolgt mit Hilfe der Spindelfasern eine Trennung der Chromatiden und ihr Transport zu den entgegengesetzten Zellpolen.

Der letzte Abschnitt der Mitose schließlich fällt gewöhnlich mit der eigentlichen Zellteilung zusammen. Die bei der Kernteilung dicht geballten Chromosomensätze lockern sich durch Entfaltung und Entschraubung der Chromatiden auf. Es werden zwei neue Kernhüllen gebildet; der Spindelapparat löst sich auf, es entsteht eine trennende Zellmembran, die die beiden neuen Tochterzellen voneinander abschnürt.

9 Die genetischen Voraussetzungen zur Fortpflanzung

Wir erinnern uns, daß jede Körperzelle eines Menschen 46 Chromosomen besitzt, und daß man diese zu homologen Paaren – von X und Y einmal abgesehen – ordnen kann. Man bezeichnet einen solchen Chromosomensatz als *diploid* und kürzt dies mit dem Symbol $2n$ ab. Würden nun die Keimzellen, also die Eizelle und das Spermium, ebenfalls jeweils 46 Chromosomen enthalten, so hätte der daraus entstehende Mensch 92 Chromosomen, die nächste Generation 184 usw. Es mußte also verständlicherweise für die Fortpflanzung ein Prozeß entwickelt werden, der von Generation zu Generation die Chromosomenzahl konstant auf 46 erhält. Mit anderen Worten, es muß im Verlauf der Keimzellbildung sowohl beim Mann als auch bei der Frau die Chromosomenzahl halbiert werden. Natürlich kann diese Halbierung nicht willkürlich sein, sondern es müssen in hochgeordneter Form genau die jeweils homologen Chromosomen voneinander getrennt werden. Nur so kann gewährleistet sein, daß in jeder Keimzelle tatsächlich ein kompletter Satz an Genen vorhanden ist. Man bezeichnet diesen Vorgang als *Reifeteilung* oder *Meiose*.

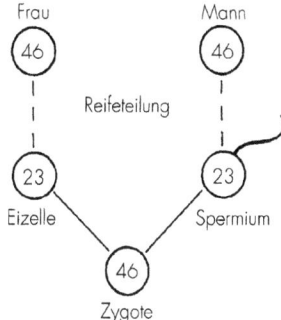

Abb. 25. Stark vereinfachtes Schema zur Reifeteilung.

 In der Meiose werden im Gegensatz zur Mitose, in der Chromatiden getrennt werden, Chromosomen getrennt.

Während die Mitose den Chromosomensatz nicht reduziert, halbiert ihn die Meiose von 46 auf 23. Dabei enthalten bei der Frau alle Keimzellen die gleichen Chromosomen, nämlich 22 Autosomen und ein X-Chromosom. Beim Mann entstehen zwei Typen von Keimzellen, nämlich jeweils zur Hälfte solche mit 22 Autosomen und einem X-Chromosom und solche mit 22 Autosomen und einem Y-Chromosom. (Abb. 25).

Reifeteilungen

Wir wollen nun diesen Vorgang etwas genauer betrachten, auch über das allgemeine biologische Verständnis hinausgehend schon deswegen, weil er für das spätere Verständnis der Entstehung von Chromosomenanomalien beim Menschen von entscheidender Bedeutung ist.

Die Verteilung der Chromosomen in der Meiose läuft in zwei Teilschritten ab.

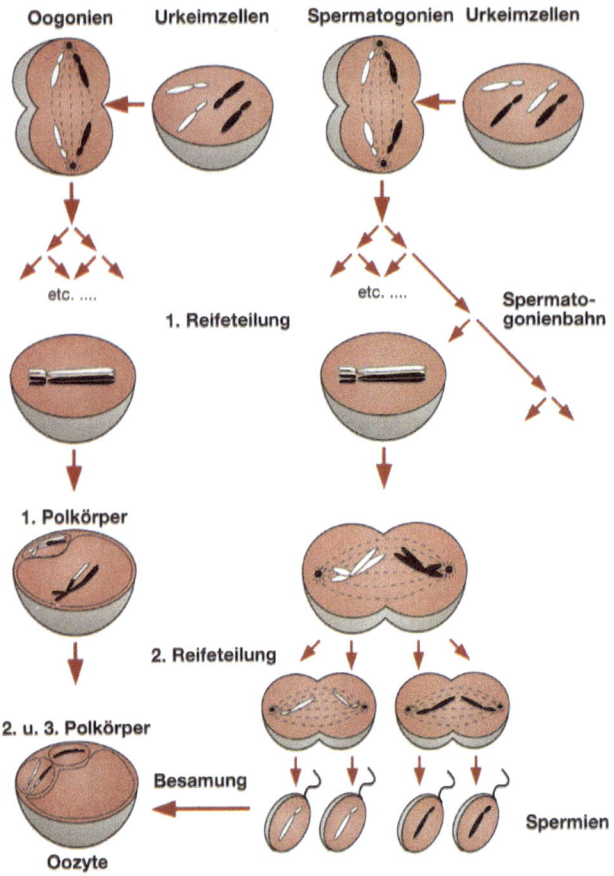

Abb. 26. Vergleichendes Schema der Oogenese und der Spermatogenese.

In der *ersten Reifeteilung* (RI) werden, ausgehend von diploiden Folgegenerationen der Urkeimzellen, die homologen Chromosomen, die aus zwei Chromatiden bestehen, voneinander getrennt.
Die *zweite Reifeteilung* (RII) entspricht prinzipiell einer Mitose, in der die beiden Chromatiden voneinander getrennt werden.
Als Bilanz der beiden Reifeteilungen entstehen beim Mann in der *Spermatogenese* aus einer diploiden Zelle 4 haploide befruchtungsfähige Spermien. Bei der Frau entsteht in der *Oogenese* pro diploider Zelle eine haploide befruchtungsfähige *Eizelle (Oozyte)* und 3 sogenannte *Polkörper* (Abb. 26).

Erste Reifeteilung

Betrachten wir den Kernprozeß, die erste Reifeteilung, etwas ausführlicher, so werden wir feststellen, daß der Ablauf durchaus Ähnlichkeiten mit der Mitose besitzt.

Die Einleitungsphase

Die Chromosomen spiralisieren sich und werden als feine Fäden unter dem Mikroskop sichtbar. Die Spiralisierung verstärkt sich von dieser Phase an ständig. Eine Zweiteilung der Chromosomen in die Chromatiden ist jedoch jetzt noch nicht sichtbar.

Im Folgestadium beginnen sich die homologen Chromosomen parallel aneinander zu lagern. Dies stellt den entscheidenden ordnenden Vorgang in der Meiose dar. Die Chromosomen liegen nun mit den einander entsprechenden Genorten exakt nebeneinander. Es wird langsam erkennbar, daß jedes Chromosom aus zwei Chromatiden aufgebaut ist, so daß insgesamt vier paral-

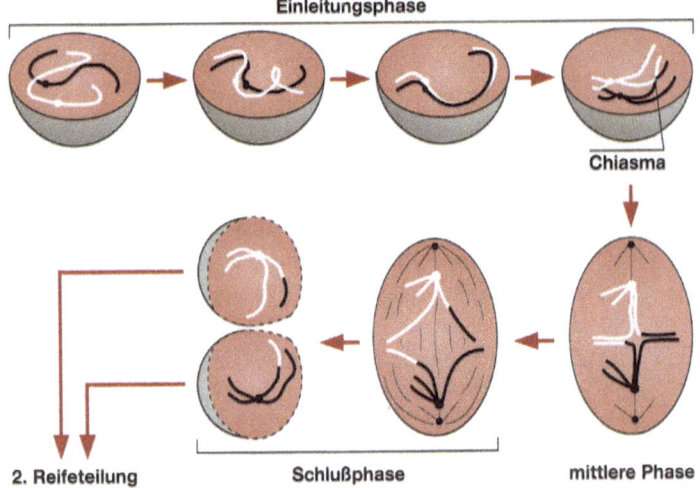

Abb. 27. Erste Reifeteilung der Meiose.

lele Stränge sichtbar werden, die sich paarweise umeinander winden.

Die Parallelkonjugation lockert sich dann allmählich wieder. Dabei ist an bestimmten Stellen noch eine Verbindung zwischen den homologen Chromosomen zu erkennen. An dieser Verbindung beteiligt sich in der Regel je eine Chromatide des anderen Chromosoms. Die Chromatiden scheinen sich zu überkreuzen. Man spricht daher von *Chiasmata*. Es handelt sich hierbei um einen biologisch ungeheuer wichtigen Vorgang, wie wir später noch sehen werden.

Die homologen Chromosomen weichen jetzt noch weiter auseinander, wobei die Chiasmata allerdings vorerst erhalten bleiben, sich jedoch unter dem Zug der auseinanderweichenden Chromosomen terminalisieren. Die Chiasmata können dann ganz abreißen oder werden noch bis zur mittleren Phase aufrecht erhalten. Mit diesem Vorgang ist die Einleitungsphase beendet.

Mittlere Phase

Die Chromosomen formieren sich ähnlich wie bei der Mitose in der Äquatorialplatte (in der Mitte der Spindel); die Kernmembran hat sich inzwischen aufgelöst. Die Einschnürungen der Chromosomen richten sich nach einem der Spindelpole aus. Die Chiasmata werden endgültig aufgelöst.

Schlußphase

Die gepaarten Chromosomen trennen sich und wandern aus der Äquatorialplatte polwärts. Es bilden sich schließlich zwei haploide Tochterkerne (Abb. 27).

Zweite Reifeteilung

Bei der zweiten Reifeteilung handelt es sich um eine mitotische Teilung. Sie schließt direkt an die 1. Reifeteilung an und trennt die Chromatiden des haploiden Chromosomensatzes der in der 1. Reifeteilung entstandenen beiden Tochterzellen.

Das Erbgut wurde neu gemischt

Neben der Hauptkonsequenz der beiden Reifeteilungen, nämlich der Herstellung haploider Genome für die Befruchtung, hat die Reifeteilung die Aufgabe, das Erbgut neu zu mischen. Es bleibt bei der Verteilung der Chromosomen dem Zufall überlassen, aus welchen Chromosomen der väterlichen oder mütterlichen Linie die haploiden Chromosomensätze zusammengestellt werden. Es werden also tatsächlich die Chromosomensätze, die wir einmal von unseren Eltern erhalten haben, nach den Gesetzen des Zufalls neu gemischt, wobei die neuen Eizellen oder Spermien durchschnittlich die Hälfte von jedem Elternteil oder – aus der Sicht daraus entstehender Kinder – von jedem Großelternteil ein Viertel der Gene erhalten.

Aber auch die Chromosomen werden nicht als Ganzes vererbt, wie man aus dem zytologischen Geschehen bis jetzt glauben könnte. Die Chromosomen werden als Verpackungseinheiten ebenfalls neu gepackt, und um dies zu verstehen, müssen die oben beschriebenen Chiasmata erklärt werden. Sie sind die sichtbaren Folgen eines Stückaustausches der homologen Chromosomen untereinander, den man als *Crossing-over* bezeichnet. Beim Crossing-over findet in zwei Nicht-Schwester-Chromatiden homologer Chromosomen an den gleichen Stellen ein Bruch statt. Diese Bruchstellen vereinigen sich dann über Kreuz.

- Crossing-over-Prozesse ermöglichen die Neuverteilung der Gene innerhalb der Kopplungsgruppe Chromosom.
- Durch diesen Vorgang wird die genetische Kombinationsfähigkeit über die zufällige Verteilung der väterlichen und mütterlichen Chromosomen hinaus noch erhöht. Man spricht daher von *Rekombination*.
- Es wundert nun also nicht mehr, daß es – von eineiigen Zwillingen einmal abgesehen – keine zwei gleichen Menschen auf der Welt gibt.

Unterschiede von Spermato- und Oogenese des Menschen

Wir haben bisher die Keimzellbildung bzw. den entscheidenden Teil davon, die Meiose, für beide Geschlechter gleich abgehandelt. Tatsächlich gibt es jedoch hier zwischen den Geschlechtern – und hier vor allem im zeitlichen Ablauf – erhebliche Unterschiede, deren Kenntnis zum Verständnis der *Chromosomenfehlverteilungen* des Menschen wesentlich beiträgt.

Die weibliche Meiose beginnt – im Gegensatz zu der männlichen – bereits während der Embryonalentwicklung und endet erst Jahrzehnte später nach der Befruchtung der Eizelle. Etwa bis zum 3. Monat der Embryonalentwicklung finden sich in der Keimbahn ausschließlich mitotische Zellteilungen *(Oogonien)*. Dann tauchen die ersten meiotischen Kerne auf. Gleichzeitig beginnen noch bis zum 7. Monat immer neue Oogonien die Meiose. Nach dem Einleitungsstadium entwickelt sich die Meiose jedoch nicht wie üblich weiter. Die homologen Chromosomen, die sich nun eigentlich in der Äquatorialplatte anordnen sollten, strecken sich statt dessen und lockern sich unter Erhaltung der Chiasmata wieder auf. Die Zellen gehen in ein Wartestadium über.

Kurze Zeit nach der Geburt befinden sich alle Geschlechtszellen eines Mädchens, das sind etwa 400000 bis 500000, in diesem Oozytenstadium. In diesem Ruhestadium können nun die Oozyten für viele Jahre bzw. Jahrzehnte verbleiben. Bis zum Beginn der Pubertät degenerieren 90 % der angelegten Oozyten.

Mit Eintritt der Geschlechtsreife nehmen von den verbliebenen Oozyten in der ersten Hälfte jedes Monatszyklus ca. 10–50, angeregt durch Hormone, die Meiose wieder auf. Es folgt ein Großteil der restlichen Meiosestadien in zeitlich kurzem Abstand. In der Mitte der 2.

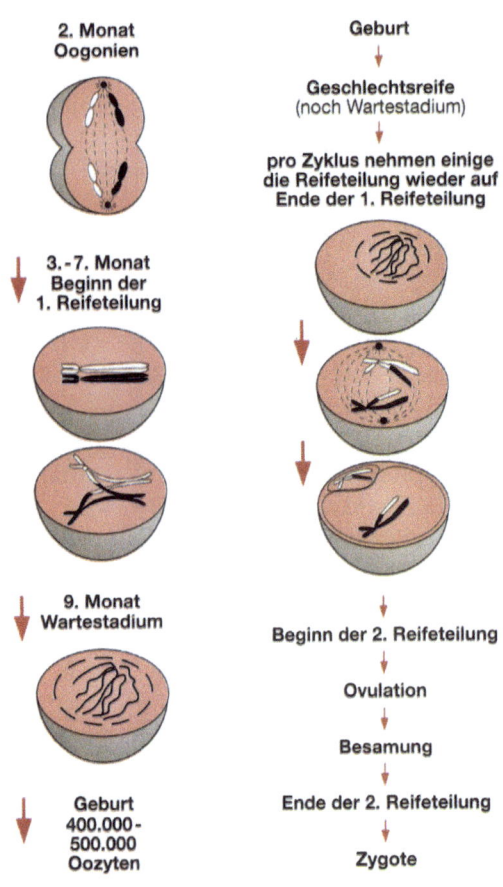

Abb. 28. Schema der Meiose der Frau.

Tabelle 1. Vergleich des zeitlichen Ablaufs der Spermatogenese und der Oogenese von den Urkeimzellen bis zur Befruchtung.

	Spermatogenese	Oogenese
1. Monat	Urkeimzellen	Urkeimellen
3. bis 7. Monat	Spermatogonien	Oogonien
		Erste Reifeteilung Beginn
Geburt	unverändert Spermatogonien	Wartestadium in der ersten Reifeteilung
Geschlechtsreife	erste und zweite Reifeteilung	Ende der ersten und unvollständige zweite Reifeteilung
		1. Ovulation
	ständiges Durchlaufen der Spermatogenese	Pro Zyklus nehmen 10–50 Oozyten die Reifeteilung wieder auf
		Ovulation einer Oozyte / Degeneration der restlichen Oozyten
	Spermatogonien Spermien	befruchtungsfähige Oozyte
	Besamung	
	Beendigung der 2. Reifeteilung	
	Zygote	

Reifeteilung kommt die Entwicklung erneut zum Stillstand. Einige Stunden nach Erreichen dieses Stadiums findet, durch Hormone induziert, die *Ovulation* statt. Üblicherweise verläßt nur eine Oozyte den Eierstock und wird vom Eileiter aufgefangen. Die anderen im gleichen Zyklus herangereiften Oozyten degenerieren. Im Eileiter kann nun das Eindringen des Spermiums, und damit die Besamung, stattfinden. Erst danach wird die Meiose der Oozyte beendet und es folgt die Zygotenbildung. (Auf die Bildung und Funktion der oben erwähnten Polkörper soll hier verzichtet werden, da sie für das Verständnis der Hauptfunktion unerheblich sind.)

Bei der Spermatogenese ist dagegen die Spermienbildung ein fortlaufender Prozeß, wobei die Meiose mit der Pubertät einsetzt und ohne Unterbrechung ständig durchlaufen wird. Durch ungleiche Zellteilung werden immer Zellstadien (Spermatogonien) zur Verfügung gestellt, die einerseits den Pool von Zellausgangspopulationen für die Spermatogenese aufrecht erhalten, andererseits werden ständig Spermien produziert (Abb. 28 und Tabelle 1).

10 Mutationen – Unfälle der Natur

Gene besitzen als Bestandteile der DNA-Moleküle Eigenschaften, die sie von allen anderen Molekülen bzw. Molekülbestandteilen unterscheiden. Wir verstehen langsam, warum die DNA als das phantastischste Molekül von allen bezeichnet wurde, denn

Gene besitzen die Fähigkeit zur identischen Reproduktion.
Gene erlauben dadurch die unveränderte Weitergabe von Informationen von Generation zu Generation.

In der Meiose wird weiterhin über die Rekombination dieser stabile Gen-Bestand in jedem Elternteil neu kombiniert und über die geschlechtliche Fortpflanzung in der Zygote zu einem neuen einzigartigen Individuum zusammengestellt.

Dennoch wurde bisher trotz aller Kombinationsmöglichkeiten ein statischer Zustand beschrieben. Das genetische Set des Menschen oder auch das der Erbsenpflanzen von Gregor Mendel ist nicht als solches vom Himmel gefallen, es sei denn, man wollte die Schöpfungsgeschichte wörtlich nehmen.

Auch am Beispiel der Zuchtwahl bei Nutztieren haben wir beschrieben, daß man Arten offenbar, wenn

Tabelle 2. Mutationen beim Menschen und ihre wichtigsten Folgen.

	Genommutationen Chromosomenmutationen	Genmutationen
In Keimzellen	Aborte Mißbildungen	Anomalien mit Mendelschem Erbgang
In somatischen Zellen	Tumoren	Tumoren

auch in langen Zeiträumen, verändern kann. Später werden wir verstehen, daß plötzliche Veränderungen im Genbestand des Menschen zu ernsthaften körperlichen und geistigen Konsequenzen führen können. Ebenso war das Gen, das so tragische Konsequenzen für den kleinen Daniel aus unserer Beispielfamilie in Kap. 3 induziert, wohl nicht immer so vorhanden.

 Eine weitere wesentliche Eigenschaft der Gene ist die Fähigkeit zur spontanen Änderung.

Man bezeichnet solche spontanen Änderungen von Genen als *Mutationen*. Ohne Mutationen hätte die Evolution der Organismen niemals stattgefunden. Sie sind der Motor des gemeinsamen Ursprungs allen Lebens auf unserem Planeten. Sie sind aber auch bei einem so hoch komplexen Organismus, wie dem des Menschen, dafür verantwortlich, daß etwa 3 % aller Lebendgeborenen an einer genetisch bedingten Erkrankung leiden.

Wie die Bezeichnung »spontane« Änderungen bereits ausdrückt, erfolgen Mutationen meist ohne erkennbaren Grund, wenn wir auch heute eine ganze Anzahl von induzierenden Faktoren kennen, die solche Prozesse auslösen können. Hierzu zählen vor allem *ionisierende*

Strahlen, chemische Mutagene, aber auch bestimmte *virale Erkrankungen.*

Mutationen lassen sich je nach Art und Größe der Veränderung in drei Gruppen unterteilen:

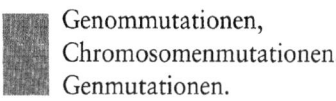
Genommutationen,
Chromosomenmutationen,
Genmutationen.

Die Auswirkungen der verschiedenen Mutationstypen beim Menschen sind in Abhängigkeit davon, ob sie in Keimzellen oder somatischen Zellen vorkommen, in Tabelle 2 dargestellt.

Wodurch entstehen Mutationen?

Die verschiedenen Typen von Mutationen beruhen auf unterschiedlichen Entstehungsmechanismen.

Genommutationen

Genommutationen sind Veränderungen der Chromosomenzahl in allen Zellen eines Menschen oder – allerdings weit seltener – in einem Teil von ihnen.

Hierfür gibt es gleich drei unterschiedliche Entstehungsmechanismen.

- Die fehlerhafte Nichttrennung von homologen Chromosomen in der Meiose mit der Folge, daß meist ein Chromosom *zuviel* in eine befruchtungsfähige Keimzelle gelangt.
- Die fehlerhafte Nichttrennung von homologen Chromatiden in der Mitose mit der Folge, daß

meist ein Chromosom zuviel in einer somatischen Zelle und allen ihren Folgezellen existiert. (Die Tochterzelle, bei der das entsprechende Chromosom nach der Mitose fehlt, geht in der Regel zu Grunde.)

▪ Der Verlust eines Chromosoms aus der Zelle.

Die fehlerhafte Nichttrennung von Chromosomen bezeichnet man als *Non disjunction*. Man unterscheidet folglich zwischen meiotischem (Typ 1) und mitotischem Non disjunction (Typ 2).

Alle Genommutationen entstehen in der Regel durch *Neumutationen* in einer der Keimzellen oder in den frühen Zellteilungen nach der Zygote.

Zellen, die ein Chromosom zuviel haben, können in Abhängigkeit, welches Chromosom zuviel ist, beim Menschen durchaus lebensfähig sein. (Der Fall, daß mehrere Chromosomen zuviel oder auch zuwenig sind, soll hier nicht besprochen werden, da er keine praktische Bedeutung in der genetischen Beratung hat.) Sie erzeugen Fehlbildungen verschiedenen Schweregrades *(Trisomien)*. Dagegen sind Zellen mit einem Chromosom zuwenig normalerweise nicht lebensfähig.

Aber auch hier gibt es Ausnahmen. So ist der meist postzygotische Verlust eines X- oder Y-Chromosoms (Typ 3) durchaus mit dem Leben vereinbar *(Monosomie)*, führt aber zu Anomalien in der Entwicklung (s. *Turner-Syndrom)*. Der Verlust eines Autosoms ist immer letal.

Ein anderer Mechanismus, der zu Veränderungen in der Chromosomenzahl führt und sehr selten ist, jedoch, wenn er vorkommt, in der Regel zu einem Abort führt, ist die Vermehrung um ganze Chromosomensätze. Beim Menschen beobachtet man nur *Triploidien* (Verdreifachungen: $3n = 69$ Chromsomen pro Zelle). Sie führen zu Embryonen und Feten mit vielfältigen Mißbildungen.

Chromosomenmutationen

Chromosomenmutationen sind Veränderungen der Chromosomenstruktur in allen Zellen eines Menschen oder in einem Teil von ihnen.
Diesen Mutationstyp gibt es in vielfältiger Weise. Man unterscheidet je nach Strukturveränderung in

- Verlust eines Chromosomensegments,
- Verdopplung eines Chromosomensegments,
- Inkorporation eines Chromosomensegments,
- Drehung eines Chromosomensegments um 180°,
- Änderung der Position eines oder mehrerer Chromosomensegmente.

Die Folgen von Chromosomenmutationen sind vielfältig. So führen Verluste häufig zu schweren Fehlbildungen *(Deletionssyndrome)*, embryonaler Sterblichkeit und erhöhtem Tumorrisiko.

Bei Verdopplungen sind die Folgen abhängig von der genetischen Information des duplizierten Segments und der Änderung der Genbalance. Es können Oozyten oder Spermien entstehen, die zu einer *partiellen Trisomie* führen.

Bei der Drehung eines Chromosomensegments hängen die Folgen von der Lage und der Größe der Drehung ab. Sie reichen von Unauffälligkeit bis zu verschiedenen Anomalien und Embryoletalität.

Bei Positionsänderungen muß man zwischen *nichtreziproken*, bei denen ein Chromosomensegment in neuer Lage im gleichen oder einem anderen Chromosom eingebaut wird, und *reziproken* unterscheiden. Bei letzteren findet ein wechselseitiger Austausch zwischen homologen oder inhomologen Chromosomen statt. Bei nichtreziproken Positionsänderungen sind die Folgen vielfältig, von

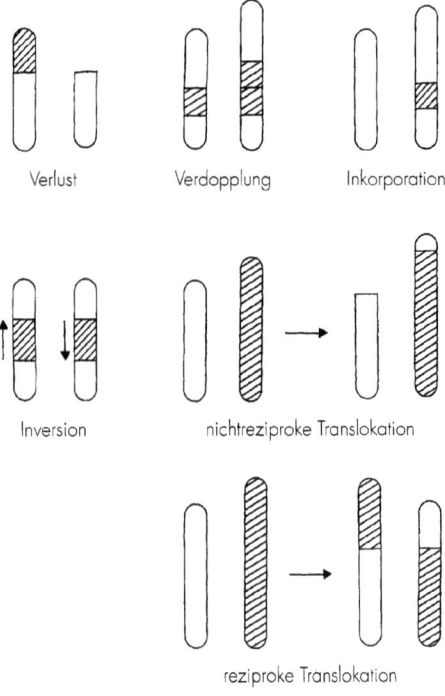

Abb. 29. Beispiele für Chromosomenmutationen.

unauffällig bis zu schweren Mißbildungen. Dagegen haben stabile reziproke Positionsänderungen normalerweise keine Folgen. Nicht stabile reziproke Positionsänderungen führen gewöhnlich zu Letalität (Abb. 29).

Genmutationen

Mehrere Tausend genetische Erkrankungen des Menschen werden durch Genmutationen verursacht. Die meisten davon sind zwar jede für sich sehr selten, insgesamt leiden aber 14 von 1000 Lebendgeborenen an einer solchen Erkrankung, häufig mit erheblichen Auswirkungen auf Lebensqualität und Lebenserwartung.

Genmutationen sind mutative Veränderungen, die im submikroskopischen Bereich liegen, in der Regel innerhalb der Grenzen eines einzigen Gens, häufig nur der Austausch einer einzigen Base.

Ähnlich wie bei den Chromosomenmutationen kann man auch hier verschiedene Typen von Genmutationen unterscheiden:

- Austausch eines einzigen Basenpaares.
- Verlust eines oder einer Reihe von Basenpaaren mit der häufigen Folge der Verschiebung des Leserasters.
- Integrierung eines Basenpaaares mit der Folge der Verschiebung des Leserasters.
- Zweimaliges oder schrittweises mehrmaliges Auftreten von Teilen von Genen.
- Zu später oder zu früher Abbruch der kopierten DNA-Kette durch Stoppcodonmutation.
- Ausfall der Transkription des nachfolgenden Gens durch Promotormutation.

Genmutationen werden nach dem Mendelschen Erbgang dominant, rezessiv oder geschlechtsgebunden vererbt. (Beispiele wichtiger Erkrankungen werden in den entsprechenden Kapiteln besprochen.)

Wie erkennt man ein erhöhtes Mutationsrisiko?

Mutationen können spontan und ohne erkennbare äußere Ursachen auftreten. Man spricht dann von *Neumutationen.* Tatsächlich sind jedoch bei der DNA-Replikation auftretende Fehler wesentlich häufiger als die später beobachteten Neumutationen.

Die Zelle besitzt nämlich sehr effiziente *Reparatursysteme,* die nach jeder DNA-Replikation die duplizierte DNA auf falsch eingesetzte Basen überprüfen, diese entfernen und durch richtige ersetzen. Sichtbare oder meßbare Mutationen sind also quasi biologische Unfälle, die der Reparatur entgingen, bei Neumutationen zum Zeitpunkt ihres Geschehens, bei vererbten Mutationen irgendwann in den Keimzellen unserer Vorfahren.

Induzierte Mutationen dagegen überlasten die Reparatursysteme und führen zu erhöhtem Risiko von Spontanaborten und Fehlbildungen mit verschiedenen Schweregraden.

Die DNA ist auf diese zusätzlichen Belastungen nicht vorbereitet, denn ihre Reparatursysteme haben sich in Anpassung an die kosmische Strahlung entwickelt. Es ist daher zum Mutationsschutz des Menschen von erheblicher Bedeutung, solche Risiken durch entsprechende Testverfahren zu erkennen und zu vermeiden. Dabei sollte nicht unerwähnt bleiben, daß wegen der hohen Korrelation zwischen Mutagenese und Kanzerogenese einerseits nach Mutationen in Keimzellen ein erhöhtes Risiko für die nachfolgende Generation besteht. Andererseits ist nach Mutationen in Körperzellen mit einem erhöhten Tumorrisiko zu rechnen.

Dies alles erfordert einen sehr gewissenhaften Umgang mit künstlichen Strahlenquellen, wie z. B. der Röntgendiagnostik, wobei vor allem auch auf die Vermeidung von Streustrahlung auf die Keimdrüsen geachtet werden muß, von unseren neueren Risiken durch radioaktiven »fall out« ganz zu schweigen. Die chemische Industrie bemüht sich seit Anfang der 70er Jahre alle neu einzuführenden Pharmaka und relevanten Industriechemikalien einer entsprechenden Testung zu unterziehen.

Dennoch ist es bei unserer Überlastung mit den verschiedensten Verbindungen und deren Kombination nicht möglich, alle Risiken auszuschließen. Auch mit Altlasten von lange eingeführten und nachträglich nicht mehr getesteten Verbindungen ist zu rechnen. Umgekehrt kann man erstaunt darüber sein, daß die heutigen Umweltbelastungen bis jetzt noch nicht mit noch schwerwiegenderen Folgen für die biologische Reproduktion einhergehen. Allerdings vermag niemand abzuschätzen, wie nahe wir uns am Grenzwert befinden.

11 Die Gesetzmäßigkeiten der Vererbung beim Menschen

Wir haben die Mendelschen Gesetze als das universell gültige Fundament der Genetik bezeichnet und uns zwischenzeitlich mit den molekularen Grundstrukturen der Gene, ihren Eigenschaften und ihrer Weitergabe beschäftigt. Damit sind die Grundlagen vorhanden, um nun den Weg vom Gen zur phänotypischen Manifestation zu beschreiben und hiermit die klinische Manifestation genetischer Erkrankungen kennenzulernen.

In der Praxis wird der Arzt immer wieder mit Krankheiten konfrontiert, die entweder direkt nach den Mendelschen Gesetzen vererbt werden oder zumindest eine erbliche Veranlagung voraussetzen.

Vermutet der Arzt aufgrund der Krankheitssymptome ein erbliches Leiden, so wird er in einer ersten Analyse einen *Familienstammbaum* erstellen, um hiermit zu prüfen, ob es familiäre Anzeichen für eine Erblichkeit gibt. Er sucht also im Stammbaum nach gleichen oder ähnlichen Erkrankungen im Verwandtenkreis des Betroffenen. In vielen Fällen wird sich hier bereits die Vermutung des Arztes bestätigen oder nicht. Allerdings gilt umgekehrt auch der Leitsatz:

Ist der Betroffene der einzige Erkrankte in der Familie, so spricht dies nicht gegen eine genetische

 Bedingtheit der Erkrankung. Letzteres gilt um so mehr, als heute die Kleinfamilie der Normalfall ist und häufig die Genkonstellation, die zur Erkrankung führt, eben zufällig noch bei keinem der Familienmitglieder aufgetreten ist.

Dennoch ist die Stammbaumerstellung der erste Schritt im diagnostischen Ablauf, und er liefert auch die Grundinformation für alle weiteren Überlegungen zur diagnostischen Sicherung eines Befundes. Dabei hat sich zur Aufzeichnung eines Stammbaumes eine recht einfache Symbolik in der Humangenetik bewährt, die in Kap. 16 näher erklärt ist.

Autosomal-dominante Vererbung

Beim dominanten Erbgang entspricht der Phänotyp eines Heterozygoten dem Phänotyp eines Homozygoten. Von autosomal-dominanter Vererbung spricht man dann, wenn das betreffende Gen auf einem Autosom und nicht auf einem Geschlechtschromosom liegt.

 Dominante Vererbung liegt also vor, wenn bereits die Anwesenheit der entsprechenden genetischen Information in einfacher Dosis genügt, um das Merkmal (in unseren Fällen eine Erkrankung) voll auszuprägen.

Wir erinnern uns, daß wir von jedem Gen in allen Körperzellen zwei Exemplare (eines vom Vater und eines von der Mutter) besitzen. Es reicht also beim dominanten Erbgang ein mutiertes Gen aus, um das Vollbild der Erkrankung zum Ausbruch zu bringen.

Beim Menschen sind heute etwa 1000 meist sehr seltene dominant-erbliche Merkmale bekannt, die in den

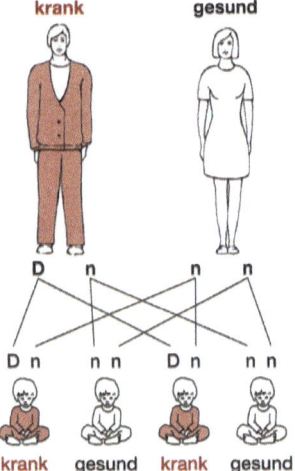

Abb. 30. Der häufigste Kreuzungstyp bei autosomal-dominantem Erbgang.

meisten Fällen zu mehr oder weniger schweren Fehlbildungen oder Anomalien führen. Tatsächlich sind jedoch in den meisten Fällen homozygote Träger solcher krankhafter Gene meist nicht bekannt, da diese Gene sehr selten sind, und die heterozygot Erkrankten oft einen erheblichen Fortpflanzungsnachteil haben.

Die Übertragung eines autosomal-dominanten Merkmals erfolgt in der Regel von einem der Eltern auf die Hälfte der Kinder (Abb. 30).

Der übertragende Elternteil ist gewöhnlich heterozygot für das entsprechende Gen, während der andere normalerweise homozygot für die wesentlich häufigere nicht krankhafte Form des Gens ist.

 Für jedes Kind eines Merkmalsträgers ergibt sich damit bei einem autosomal-dominanten Erbleiden eine Erkrankungswahrscheinlichkeit von 1/2.

Dabei spielt es keine Rolle, welcher Elternteil das krankhafte dominante Gen in die Zygote eingebracht hat. Da die Träger allerdings häufig das Fortpflanzungsalter nicht erreichen oder so stark geschädigt sind, daß ihre Fortpflanzung stark herabgesetzt bzw. gleich Null ist, sollte man erwarten, daß krankhafte Gene sich von selbst eliminieren.

Häufig treten solche Erbleiden jedoch *sporadisch* auf; d. h. beide Eltern sind gesund, das Kind weist jedoch eine Anomalie oder Mißbildung auf, die aus anderen Sippen als autosomal-dominant bekannt ist. In diesem Falle liegt eine *Neumutation* vor. Neumutationen sind um so häufiger zu beobachten, je schwerer das betreffende Erbleiden die Fortpflanzung behindert bzw. unmöglich macht.

Man hört immer wieder die falsche Meinung, viele Erbkrankheiten würden von einem Großelternteil auf dessen Enkel vererbt. Dem liegt die Beobachtung zugrunde, daß manchmal beide Eltern keine Symptomatik des Leidens zeigen, dieses jedoch auf Kinder weitervererben, bei denen sich dann das Leiden manifestieren kann. Tatsächlich ist jedoch hier immer ein Elternteil Träger des autosomal-dominanten Gens. Die Erkrankung hat sich jedoch bei ihm aus bisher unbekannten Gründen nicht vollständig phänotypisch manifestiert und tritt bei 50 % der Nachkommen auf. Man spricht in der Humangenetik in diesem Falle von unvollständiger *Penetranz*. Die Penetranz gibt an, in wieviel Prozent der Genträger sich das Leiden manifestiert. Hat also z. B. ein Erbleiden eine Penetranz von 60 %, so bedeutet dies, daß nur 60 % der Genträger die Symptomatik des Leidens zeigen und die restlichen 40 % davon mehr oder weniger frei sind.

Das Wesentliche des autosomal-dominanten Erbganges ist also:

Die Übertragung erfolgt von einem der Eltern auf die Hälfte der Kinder.
Der Phänotyp heterozygoter Genträger entspricht weitgehend den Homozygoten (falls bekannt).
Beide Geschlechter sind gleich häufig betroffen.
Es kann unvollständige Penetranz vorliegen.
Nachkommen merkmalsfreier Personen sind risikofrei, wenn volle Penetranz herrscht.
Sporadische Fälle beruhen auf Neumutationen.
Morphologische Anomalien und Störungen der Gewebsstruktur sind häufig.
Die Häufigkeiten liegen pro Erkrankung meist unter 1:10000.
10 Kinder von 1000 Lebendgeborenen werden an einem solchen Gendefekt erkranken.

Autosomal-rezessive Vererbung

Eine autosomal-rezessive Vererbung liegt vor, wenn nur der homozygote Genträger die genetisch bedingte Erkrankung aufweist, während der Heterozygote sich nicht vom homozygot gesunden unterscheidet.

Bei allen schweren autosomal-rezessiven Erbleiden wird der Kranke in der Regel von gesunden Eltern abstammen, die selbst heterozygot für das betroffene Gen sind. Bei diesem Vererbungsmodus tragen die Eltern zwar genotypisch den Defekt, er drückt sich jedoch phänotypisch nicht aus, da die Wirkung des betreffenden Gens im Vergleich zum normalen rezessiv ist.

Eltern, die beide heterozygot für ein autosomal-rezessives Leiden sind, werden entsprechend dem 2. Mendelschen Gesetz zu 1/4 homozygot kranke Kinder bekommen, d. h. jedes Kind hat ein Erkrankungsrisiko von 25 %.

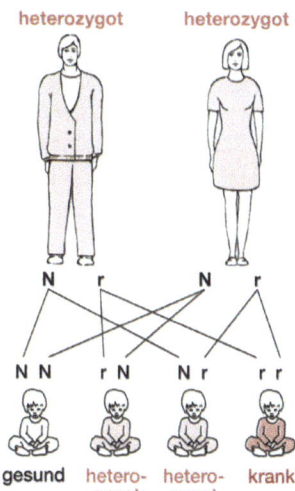

Abb. 31. Der häufigste Kreuzungstyp bei autosomal-rezessivem Erbgang.

50 % der Kinder werden heterozygote Genträger des krankhaften Gens sein, sind aber wegen der Rezessivität phänotypisch unauffällig. 25 % der Kinder werden genotypisch und phänotypisch »normal« sein, da sie homozygot nur die beiden homologen normalen Gene geerbt haben. Das Aufspaltungsverhältnis ist also genotypisch 1:2:1, phänotypisch jedoch 3:1, d. h. 75 % gesunde und 25 % kranke Kinder. Bei den heutigen Kleinfamilien tritt damit die Mehrzahl der Krankheitsfälle anscheinend sporadisch auf. Die Kranken sind die einzigen Fälle der Familie (Abb. 31).

Wir kennen z. Z. ca. 1000 solcher Erbleiden, die zwar sehr selten sind, jedoch für die betroffenen Menschen sehr schwere Folgen haben. Einem autosomal-rezessiven Erbgang folgen insbesondere erbliche Stoffwechselleiden, speziell Enzymdefekte. Dabei handelt es sich normalerweise um einen Mangel eines bestimmten Enzymes. Untersucht man heterozygote Genträger, so besitzen diese nur etwa 50 % der normalen Enzymaktivität. Dies genügt jedoch in der Regel zur Aufrechterhaltung einer phänotypisch normalen Lebensfunktion.

Beim autosomal-rezessiven Erbgang findet man bezüglich der einzelnen Erkrankungen Häufigkeiten von 1:10000–1:100000. Bei den häufigeren autosomal-rezessiven Erkrankungen ergibt dies eine Frequenz von 1–2 % Genträger in der Bevölkerung. Führen wir uns vor Augen, daß ca. 1000 solche Erbleiden beschrieben sind, so ist jeder von uns Genträger für einen oder mehrere rezessive Gendefekte. Nur die Wahrscheinlichkeit ist eben gering, auf einen Partner mit demselben Gendefekt zu treffen.

Verwandtenehen

Seltene Gene haben also ein relativ geringes Risiko, zusammenzutreffen. Ein Beispiel: Das zufällige Zusammenkommen zweier homologer Gene und damit das Homozygotwerden entspricht dem Quadrat der Heterozygotenhäufigkeit in der Bevölkerung. Bei einer Heterozygotenfrequenz von 2 % = 1/50 errechnet sich dies zu

$1/50 \times 1/50 = 1/2500$.

Beim rezessiven Erbgang entspricht dies einer Erkrankungswahrscheinlichkeit von

$1/4 \times 1/2500 = 1/10000$.

Nehmen wir eine Vetternehe 1. Grades an, so ist der Anteil gemeinsamer Gene 1/8. Auf die Erkrankungswahrscheinlichkeit hat dies folgenden Einfluß

$1/50 \times 1/8 \times 1/4 = 1/1600$.

Das Risiko ist also in unserem Fallbeispiel 6 1/4 mal höher. Ohne Frage erhöht sich also bei Verwandtenehen das Risiko für eine Homozygotie pathologischer rezessiver Gene beträchtlich. Andererseits wird das Risiko für ein genetisch geschädigtes Kind aus solchen Verbindungen in der Bevölkerung allgemein häufig überschätzt. Der Grund liegt darin, daß bestimmte Erkrankungen, wie z. B. Kropfbildung durch Jodmangel in den Alpen, früher fälschlich auf genetische Ursachen zurückgeführt wurden.

Das Wesentliche für den autosomal-rezessiven Erbgang ist:

Die Übertragung erfolgt von beiden Eltern, die heterozygote phänotypisch gesunde Genträger sind, auf ein Viertel der Kinder. Die Hälfte der Kinder ist heterozygot phänotypisch gesund und ein Viertel homozygot gesund.
Nur homozygote Genträger erkranken.
Beide Geschlechter sind gleich häufig erkrankt.
Da moderne Familien meist wenige Kinder haben, ist die Mehrzahl der Krankheitsfälle anscheinend sporadisch.
Patienten mit seltenen Erkrankungen gehen häufiger aus Verwandtenehen hervor.
Neumutationen spielen keine wesentliche Rolle.
Stoffwechselstörungen sind häufig.
Die meisten rezessiven Gene haben Häufigkeiten zwischen 1:100 und 1:1000, homozygote Krankheiten zwischen 1:10000 und 1:1000000.
Zwei Kinder von 1000 Lebengeborenen werden an einem solchen Gendefekt erkranken.

X-chromosomale Vererbung

Wir sind bisher auf Erbgänge eingegangen, für die die verursachenden Gene auf den Autosomen lokalisiert waren. Hiervon abtrennen muß man den Vererbungsmodus von Genen, die auf den Gonosomen lokalisiert sind, da er anderen Gesetzmäßigkeiten folgt. Man spricht hier von einer *geschlechtsgebundenen Vererbung*.

Tatsächlich können wir uns dabei auf das X-Chromosom beschränken, da das Y-Chromosom zwar für die männliche Geschlechtsentwicklung verantwortlich ist – und hier konnte auch ein Gen lokalisiert werden –, sonst aber bisher auf ihm keine Gene bekannt sind, die für einen Mendelschen Erbgang in Frage kommen. Demgegenüber enthält das X-Chromosom zahlreiche Gene, darunter auch solche, die für sehr bekannte Erbleiden verantwortlich sind, wie die *Bluterkrankheit*, die *Rot-Grün-Blindheit* oder auch die *Muskeldystrophie*. Der Erbgang kann sowohl dominant als auch rezessiv sein, wobei der rezessive bei weitem die größere praktische Bedeutung besitzt.

X-chromosomal-rezessiver Vererbungsmodus

Je nachdem, ob Mann oder Frau erkrankt sind oder eine phänotypisch gesunde Frau als Überträgerin in Frage kommt, hat dies für Kinder aus einer solchen Verbindung unterschiedliche Folgen, die der Reihe nach besprochen werden sollen.

Nehmen wir an, eine Frau sei bezüglich eines zu betrachtenden Gens homozygot gesund (XX), der Mann auf seinem einzigen X-Chromosom dagegen Träger des Defektgens (X'Y), welches wir mit X' bezeichnen. Er ist krank, trotz der Rezessivität des Genes, da er kein zweites X-Chromosom mit einem normalen Gen besitzt. Wie gestaltet sich das Risiko für Kinder aus der obigen Verbindung? Alle Söhne werden gesund sein, denn sie erhalten immer das

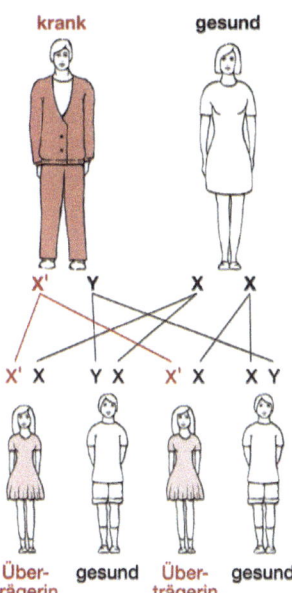

Abb. 32. X-chromosomal-rezessiver Erbgang. Frau (XX) homozygot gesund, Mann (X'Y) krank.

normale Gen mit dem X-Chromosom der Mutter und vom Vater nur das Y-Chromosom. Alle Töchter sind jedoch heterozygot (X'X), denn sie erhalten das krankhafte Gen über das X'-Chromosom des Vaters. Die Töchter werden dieses Chromosom mit dem krankhaften Gen auf die Hälfte ihrer Söhne weitervererben, die dann, wie unser Ausgangspatient (der Großvater unserer Familie), wieder krank sein werden (Abb. 32).

Ist eine Frau heterozygot (wie die Töchter im vorhergehenden Beispiel) X'X, so ist sie phänotypisch gesund. Nehmen wir an, ihr Partner hätte auf dem X-Chromosom das Normalgen, wäre also XY. Hier wird die Frau als Überträgerin das krankhafte Gen

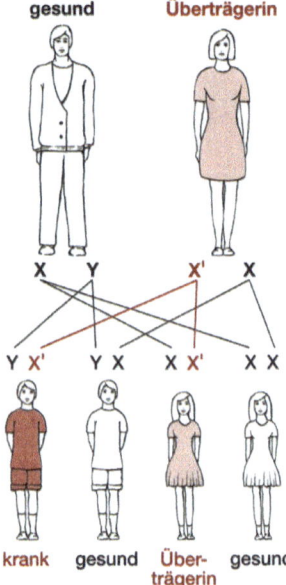

Abb. 33. X-chromosomal-rezessiver Erbgang. Frau heterozygote Überträgerin (X'X), Mann gesund (XY).

auf die Hälfte ihrer Söhne vererben (X'Y), die dann erkranken (wie im 1. Fallbeispiel). Alle Töchter aus dieser Verbindung werden phänotypisch gesund sein. Die Hälfte wird aber wieder Überträgerinnen sein (Abb. 33).

Als letztes wollen wir den zugegebenermaßen seltenen Fall besprechen, daß eine Frau homozygot krank sei, also X'X', ihr Mann dagegen gesund. Hier sind alle Söhne krank (X'Y), da sie ihr X'-Chromosom immer von der Mutter übertragen haben, alle Töchter sind gesunde Überträgerinnen (Abb. 34).

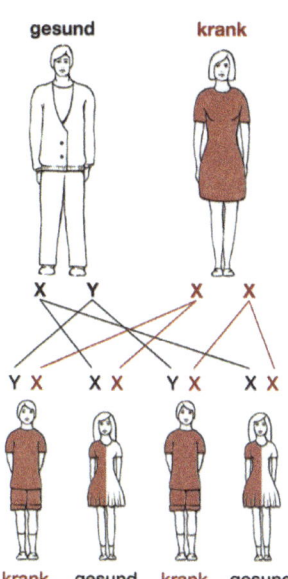

Abb. 34. X-chrosomal-rezessiver Erbgang. Frau (X'X') homozygot krank, Mann (XY) gesund.

Hiermit sind alle wesentlichen Vererbungsmöglichkeiten des X-chromosomalen Erbganges angesprochen, mit der seltenen Ausnahme Frau X'X', Mann X'Y, oder Frau X'X, Mann X'Y. Der Leser kann sich die Folgen dieser Fälle aber leicht selbst ableiten.

In der Praxis ist bei einem oder mehreren familiären Fällen die vordringliche Frage in der Regel die, ob eine phänotypisch gesunde Frau mit Kinderwunsch Überträgerin ist oder nicht. Dies läßt sich bei den wichtigsten Erkrankungen mit diesem Erbgang heute mit DNA-Analysen bestimmen. Aber auch ohne diese Information kann man aus der Familienkonstellation in einer Reihe von Fällen sichere Überträgerinnen ableiten:

- Mütter von zwei kranken Söhnen (ist nur einer erkrankt, so könnte dies eine spontane Neumutation sein).
- Schwester und Mutter eines Kranken.
- Alle Töchter eines Kranken.
- Schwestern mit jeweils einem kranken Sohn.

Für den X-chromosomal-rezessiven Erbgang läßt sich zusammenfassen:

- Die Übertragung erfolgt nur über alle gesunden Töchter kranker Väter und über die Hälfte der gesunden Schwestern kranker Männer.
- Besonders bei seltenen Leiden erkranken fast nur Männer.
- Söhne von Erkrankten können das kranke Gen nicht von ihrem Vater erben.
- Bei Überträgerinnen erkranken 50 % der Söhne, 50 % der Töchter sind Überträgerinnen.
- Bei Verwandtenehen in betroffenen Familien besteht ein hohes Risiko.

X-chromosomal-dominanter Vererbungsmodus

Der X-chromosomal-dominante Vererbungsmodus ist recht selten. Er unterscheidet sich vom X-chromosomal-rezessiven Erbgang dadurch, daß nicht nur betroffene Männer, sondern auch heterozygote Frauen Krankheitserscheinungen aufweisen. Frauen sind doppelt so häufig betroffen wie Männer. Wenn der Stammbaum einer Familie wenig informativ ist, kann es schwierig sein, diesen Vererbungsmodus vom autosomal-dominanten abzugrenzen.

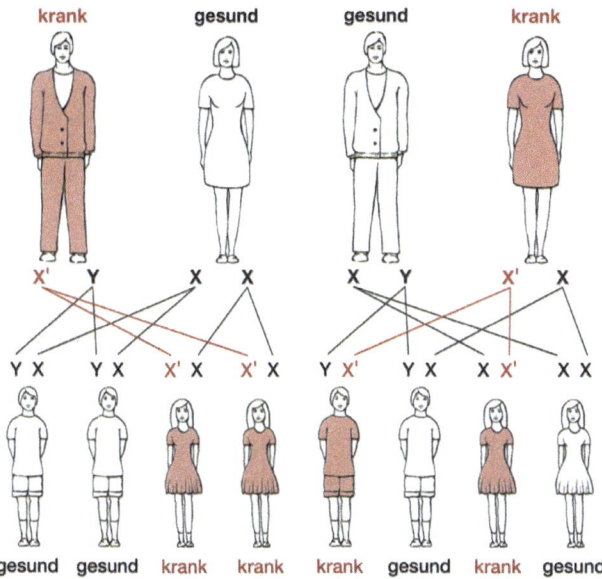

Abb. 35a,b. X-chromosomal-dominanter Erbgang. **a** Mann (X'Y) krank, Frau (XX) homozygot gesund. **b** Mann (XY) gesund, Frau (X'X) heterozygot krank.

Auch hier muß man unterscheiden, ob ein Mann oder ein Frau erkrankt ist.

- Die Söhne erkrankter Männer sind gesund, da sie ihr einziges X-Chromosom von der gesunden Mutter geerbt haben; alle Töchter werden jedoch erkranken.
- Unter den Kindern weiblicher Kranker erkranken 50 % ohne Rücksicht auf das Geschlecht.
- Männliche Kranke haben also immer die Krankheit von der Mutter geerbt, bei ihren Geschwistern fin-

det sich eine 1:1-Aufspaltung. Weibliche Kranke können die Krankheit sowohl vom Vater als auch von der Mutter geerbt haben (Abb. 35a,b).
- Auch hier besteht bei Verwandtenehen ein erhöhtes Risiko.

Multifaktorielle Vererbung

In den vorhergegangenen Kapiteln haben wir Vererbungsmodi behandelt, die in der Regel eine Zweiteilung in *gesund und krank* zuließen. Sie folgten immer einem Mendelschen Erbgang. Es gibt aber auch sowohl körperliche Merkmale als auch genetische Erkrankungen, die einer solchen alternativen Verteilung nicht unterliegen. Betrachten wir hierzu ein ganz einfaches Beispiel, nämlich die *Körpergröße* des Menschen.

Sie variiert von Mensch zu Mensch kontinuierlich innerhalb einer gewissen Bandbreite. Dabei gibt es eine geringere Anzahl von Menschen, die extrem klein oder groß sind. Die meisten zeigen eine mittlere Körpergröße, da sich fördernde und hemmende Faktoren die Waage halten. Eine solche Variabilität beruht auf dem Zusammenspiel vieler Gene – bei normalen Merkmalen, wie bei bestimmten Krankheiten –, von denen das einzelne Gen keine so starke Wirkung besitzt.

Das *Zusammenspiel vieler Gene* wird als polygene Vererbung bezeichnet. Jedes Gen für sich unterliegt dabei natürlich den Grundgesetzen der Mendelschen Vererbung. Meistens hängt aber die Merkmalsvariabilität auch nicht nur und ausschließlich vom genetischen Hintergrund, sondern von einer *Gen-Umwelt-Interaktion* ab. Eine Vererbung, die durch eine solche Interaktion von genetischen- und Umweltfaktoren bestimmt wird, bezeichnet man als *multifaktorielle Vererbung* (Abb. 36).

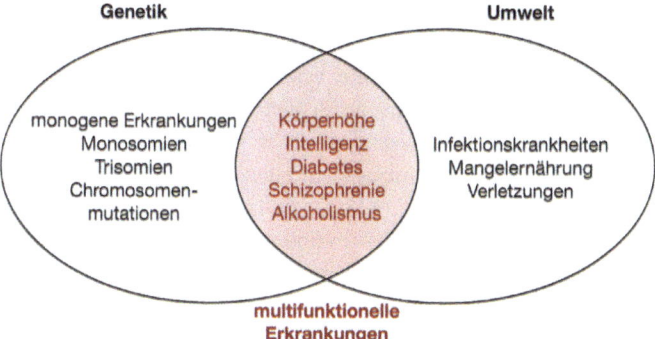

Abb. 36. Multifaktorielle Erkrankungen.

Es ist also letztlich eine genetische Prädisposition gegeben, die man mit einer Rangierharfe auf Rangierbahnhöfen der Bahn vergleichen könnte. Eine Richtung und verschiedene Stellmöglichkeiten werden von den Weichen genetisch vorgegeben. Welches Gleis allerdings befahren wird, hängt von den besonderen Verhältnissen ab, die ein Mensch in seiner Umwelt vorfindet.

Sehr viele normale menschliche Merkmale sind multifaktorieller Natur. Neben der Körperhöhe könnte man als weitere Beispiele *Körpergewicht, Intelligenz, Hautfarbe, Fruchtbarkeit* oder *Blutdruck* nennen. Aber auch viele genetische Erkrankungen gehören dazu, wie *Diabetes, Hypertonie,* verschiedene *Schwachsinnsformen, Schizophrenie* und andere geistige Erkrankungen, aber auch psychische Labilitäten, wie *Alkoholismus* und *Drogenabhängigkeit*.

Mitochondriale Vererbung

Es gibt eine spezielle Vererbungsform von genetischen Defekten, bei der tatsächlich die Mendelschen Regeln teilweise versagen.

Dies sind die mitochondrialen Erkrankungen. Mitochondrien sind Bestandteile von inneren Zellstrukturen und in allen Körperzellen zu finden (Abb. 37). Im Gegensatz zu allen sonstigen Zellstrukturen zeigen sie jedoch ein gewisses Eigenleben.

Dies ist wohl ein Überbleibsel ihrer Herkunft. Sie waren nämlich zu einem frühen Zeitpunkt der Evolution sehr wahrscheinlich einmal eigene Organismen, die sich dann auf der Ebene von Einzellern mit anderen Zellen zusammengetan haben, indem sie fusionierten. Hiermit war die höhere komplizierte und leistungsfähige Zelle geboren, die auch der Mensch besitzt. Als ursprünglich eigene Organismen haben sie ihre eigene DNA mitgebracht und bis heute erhalten. Diese DNA hat wichtige Aufgaben innerhalb der Gesamtzelle. Sie kodiert nämlich u. a. für Enzyme, die im Energiestoffwechsel der Zellen eine wesentliche Rolle spielen, getreu der Hauptaufgabe der Mitochondrien. Sie sind die Kraftwerke der Zellen. Dabei koordinieren sich Zellkern- und mitochondriale DNA gegenseitig mit Regelmechanismen, über die noch nicht allzuviel bekannt ist.

Bei der Verschmelzung von Eizelle und Sperma zur Zygote stammen alle Mitochondrien von der Eizelle ab. Spermien bestehen praktisch ausschließlich aus DNA und natürlich den Strukturen, die notwendig sind, damit das Spermium die Eizelle zur Befruchtung findet und eindringen kann. Spermien sind also tatsächlich die einzigen Zellen ohne Mitochondrien. Bezüglich der mitochondrialen DNA bedeutet dies, daß hier eine rein *mütterliche Vererbung* vorliegt.

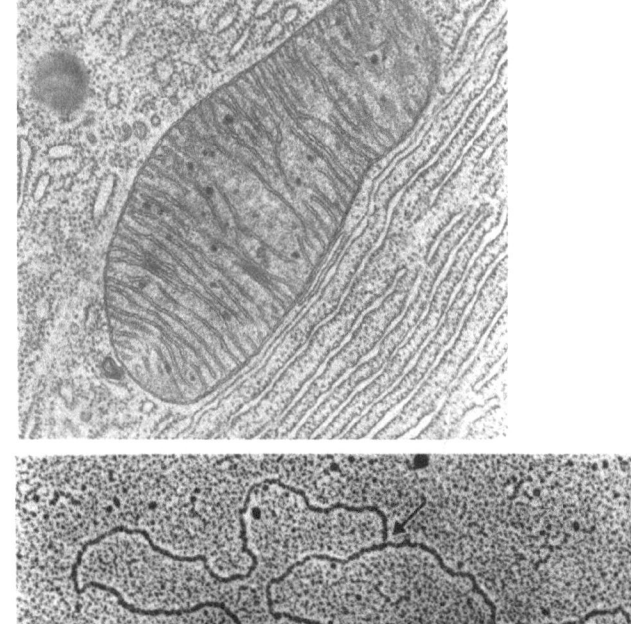

Abb. 37. a Elektronenmikroskopische Aufnahme eines Mitochondriums. **b** Mitochondriale DNA, die sich gerade repliziert. Pfeile zeigen die Replikationsgabe.

Jeder Mensch hat seine gesamten Mitochondrien von der Mutter über die Eizelle geerbt, die sich von der Zygote ausgehend bei jeder Zellteilung selbständig vermehren, so wie die Zellen selbst und natürlich in ihnen. Insofern hat auch jeder Mensch etwas mehr Gene von der Mutter als vom Vater.

- Bei mitochondrialen Erkrankungen sind im Gegensatz zur X-chromosomalen Vererbung beide Geschlechter betroffen.
- Die Anzahl der Erkrankten ist wesentlich höher, als man bei einem dominanten Erbgang erwarten würde.

Dabei ist die phänotypische Ausprägung eines pathologischen Merkmals abhängig von dem Anteil der mutierten Mitochondrien in den Zellen. Generell unterscheidet man zwei Hauptgruppen mitochondrialer Erkrankungen: *neurodegenerative* und *neuromuskuläre degenerative Erkrankungen*. Die klinischen Symptome sind geistige Behinderung, psychomotorische Behinderung, Minderwuchs, zu kleiner Kopfumfang, Atemstörungen, Erbrechen, Apathie, Krampfanfälle, Gangstörungen, Sehstörungen, Hörstörungen, Muskelschwäche u. a.

12 Gentechnologie – Der neue Weg der Hoffnung

In den 70er Jahren entwickelte die Molekularbiologie das molekulare Werkzeug, Erbmaterial zu zerschneiden und wieder neu zusammenzukleben. Damit war das Rüstzeug für bisher ungeahnte Entwicklungsmöglichkeiten in den Ernährungswissenschaften, der Land- und Forstwirtschaft, der Rohstoff- und Energiegewinnung, der Technik aber auch der Bearbeitung von Umweltlasten geschaffen. Für die Medizin kann man mit Fug und Recht von der Einleitung einer neuen Epoche sprechen, bei der sich die Genetik immer mehr zu einer Schlüsseldisziplin entwickelt. Die dabei angewandten biologischen Techniken werden als Gentechnologie, Gentechnik, Genmanipulation oder Genetic Engineering bezeichnet.

Allerdings hat die Gentechnik auch, wie bisher wohl keine andere wissenschaftliche Entwicklung, eine breite gesellschaftliche Diskussion ausgelöst. Dabei leidet diese Diskussion an einer verständlichen Skepsis, ja teilweise Fortschrittsfeindlichkeit, die wohl in ihrem Kern nicht durch die Gentechnik selbst, sondern durch die Ignoranz der Wissenschaft und Industrie bei der Frage der Beherrschbarkeit der Kernenergie ausgelöst worden ist.

Diese Erfahrungen sowie industriell ausgelöste Umweltprobleme und -katastrophen haben von vornherein besonders und gerade in Deutschland eine negative Grundhaltung erzeugt, die häufig mehr emotional als durch rationale Einschätzungen geprägt ist. Speziell in Deutschland mag darüber hinaus diese zurückhaltende und von Angst begleitete Haltung eine Folge der Erfahrungen des Nationalsozialismus sein. Zu nahe sind die Erinnerungen, daß ein Teil der Ergebnisse und Vorstellungen der Vererbungsforschung als pseudowissenschaftlicher Deckmantel für die scheußlichsten Verbrechen, die Ermordung vieler Millionen Juden, die Ermordung von Mitgliedern osteuropäischer Völker, psychisch Kranker und anderer Gruppen diente.

Emotional ist diese negative Grundhaltung nur allzu verständlich, sie darf aber nicht als Grundlage benutzt werden für eine oberflächliche und schlechte Informationsgestaltung für die Bevölkerung, die auf Katastrophenberichterstattung aus ist.

Nur eine versachlichte Diskussion und ehrliche Berichte können dazu beitragen, daß weite Bevölkerungskreise die Möglichkeiten dieser Technologie erkennen, ohne mögliche Risiken aus den Augen zu verlieren. Im Bereich der Medizin sind es diese neuen Techniken, die uns bisher ungeahnte diagnostische und therapeutische Möglichkeiten eröffnen. Im Bereich der Industrie würde ein Verzicht der Anwendung unweigerlich zum Verlust des vielzitierten »Wirtschaftsstandortes Deutschland« führen. Selbst bei der Bearbeitung von Umweltlasten werden wir auf Gentechnik nicht verzichten können.

Dabei ist die Gesellschaft aufgefordert, ethische Maßstäbe zu setzen.

Was sollen wir von dem, was wir bereits heute tun können und was vor allem in der Zukunft möglich sein wird, wirklich tun?

Die Entscheidungen bürden uns in dem Bewußtsein, daß auch ethische Maßstäbe gesellschaftlichen

Wandlungen unterliegen, ein hohes Maß an Verantwortung auf.

Um schrittweise die biologischen Mechanismen zu verstehen, kommen wir auf das molekulare Werkzeug zurück, das in der Lage ist, DNA zu zerschneiden. Es handelt sich um eine Gruppe von Enzymen, die man als *Restriktionsenzyme* bezeichnet. Sie wurden bei Bakterien entdeckt und auch bisher nur bei diesen nachgewiesen. Ihre Aufgabe ist dort, Fremd-DNA in Form eingedrungener Viren zu entdecken, durch Zerschneiden unschädlich zu machen und damit das Bakterium vor feindlichen Angriffen zu schützen.

Dabei haben diese Enzyme die Fähigkeit, DNA-Sequenzen zu lesen und beim Auftreten bestimmter Basensequenzen zu schneiden. Die entsprechende charakteristische Schnittstelle ist enzymspezifisch und für jedes Enzym eine andere. Dies liegt daran, daß fast jeder Bakterienstamm sein eigenes sequenzspezifisches Restriktionssystem besitzt.

Wir wollen dies an einem Beispiel klar machen:

Wir alle kennen die Darmbakterien *Escherichia coli* *(E.coli)*. E. coli besitzt ein Restriktionsenzym Eco (= E.coli) RI, welches in der Gentechnik häufig verwendet wird. Eco RI erkennt folgende Nukleotidsequenz und schneidet sie, wie angegeben:

–GAATTC–   –G   AATTC–
–CTTAAG– ⟶ –CTTAA   G–

Die Nukleotidsequenz wird versetzt geschnitten, was jedoch nicht bei allen Restriktionsenzymen der Fall ist; manche schneiden auch stumpfe Enden, so daß die Schnittstellen an beiden Strängen an derselben Stelle liegen. Bleiben wir jedoch zur Verdeutlichung des Prinzips bei unserem Beispiel:

Nehmen wir an, wir hätten uns aus menschlicher DNA mit Eco RI ein Stück, das zwischen zweien solcher Schnittstellen liegt, herausgeschnitten. Den gleichen Vorgang hätten wir auch mit Eco RI bei einer anderen DNA, beispielsweise der eines Virus, durchgeführt. Das Ergebnis ist einerseits die menschliche DNA-Sequenz, andererseits die Virus-DNA, die nun durch das herausgeschnittene Stück sozusagen geöffnet ist. Dabei bemerken wir, daß jeweils ein Ende der menschlichen DNA genau auf das Ende der Virus-DNA paßt. Nach den Regeln der Basenpaarung legen sich diese offenen Enden daher aneinander. Andere Enzyme, sogenannte *Ligasen*, legen nun noch die Verbindung zwischen den jeweils endständigen Nukleotiden. Das Ergebnis ist ein neues DNA-System, in unserem Falle ein Virus, welches integriert menschliche DNA trägt, weswegen man es als *Vektor* bezeichnet. Auf diese Weise ist praktisch die Übertragung von DNA über alle Art-, Gattungs- und Familiengrenzen hinaus möglich.

Genmedikamente

Die gentechnische Herstellung von Medikamenten ist an zwei Voraussetzungen gebunden.

- Ein entsprechendes Gen, dessen Produkt als Medikament interessant ist.
- Ein Vektor, in den das Gen eingebaut werden kann.

Nun gibt es aber noch gewisse Ansprüche an den Vektor, denn er soll das Gen ja nicht nur einbauen, sondern als wichtigste Voraussetzung einer technischen Herstellung von Genprodukten auch vermehren.

■ Ein Vektor muß sich innerhalb von Zellen, häufig innerhalb von Bakterien, unabhängig von der Erbsubstanz des Wirts, vermehren können. Nur so kann er aus dieser auch wieder isoliert werden.
■ Der Vektor muß weiterhin mit hoher Erfolgsrate in die Wirtzellen verbracht werden können.

Solche Bedingungen erfüllen die erwähnten *Viren*, aber auch andere extrachromosomale DNA, die sich in Bakterien selbständig vermehren kann und die man schon längst vor Einführung der Gentechnik kannte, die sogenannten *Plasmide*. Das Bakterium ist dabei die Fabrikhalle, in der alle Materialien zur Verfügung gestellt werden, die der Vektor zur Vermehrung braucht. Dieser wiederum vermehrt durch seine eigene Vermehrung das gewünschte Gen und damit das Genprodukt. Der gesamte Vorgang wird als *Klonierung* bezeichnet.

Das Genprodukt muß dann letztlich zur Verwendung als Medikament nur noch isoliert und aufgereinigt werden, was in der Praxis allerdings häufig ein dornenreicher Weg ist.

1982 wurde in den USA mit einem *Humaninsulin* das erste gentechnisch hergestellte Medikament zugelassen. Über 10 Jahre danach befinden sich ca. 20 Präparate auf dem internationalen Markt, in Deutschland etwa ein Dutzend. Über 100 weitere Produkte werden derzeit in klinischen Studien auf Sicherheit und Wirksamkeit an Patienten getestet (Tabelle 3). Der Gesamtumsatz beträgt gegenwärtig etwa drei Milliarden US-Dollar.

Tabelle 3. In den USA und in Deutschland zugelassene Genmedikamente.

Medikament	Erstzulassung	Anwendungsgebiet
Humaninsulin	1982*	Diabetes
Somatropin	1985*	Wachstumshormon bei Minderwuchs
α-Interferon 2 c	1985**	Augeninfektionen von Herpes
α-Interferon 2 a	1986*	Bestimmte Leukämieform
α-Interferon 2 b	1986*	Bestimmte Leukämieform
Hepatitis-B-Impfstoff	1986*	Hepatitis-B-Impfung
TPA	1987*	Akuter Herzinfarkt
γ-Interferon	1989***	Chronische Polyarthritis
Erythropoetin	1989*	Anämie bei chronischem Nierenversagen
α-Interferon n 3	1989	Genitalwarzen
G-CSF	1991*	Unterstützung der Chemotherapie
GM-CSF	1991	Knochenmarktransplantationen
Interleukin 2	1992**	Metastasierendes Nierenkarzinom
Blutgerinnungsfaktor VIII	1992*	Bluterkrankheit
Glukagon-Hydrochlorid		Diabetes bei Unterzuckerungsschock
Hämophilius-B-Impfstoff		Hämophilius B

* In Deutschland und USA zugelassen
** In den USA zur Zulassung empfohlen
*** In Deutschland zugelassen, in USA nicht zugelassen

▰ Wie haben diese Medikamente die Situation für den Patienten verändert?

Das gentechnisch hergestellte *Humaninsulin* hat weitgehend das bis dahin verwendete Schweine- oder Rinderinsulin verdrängt. Es ist darüber hinaus besonders nützlich für Menschen, die gegen das tierische Insulin Antikörper gebildet haben und somit allergisch reagieren.

Das für den medizinischen Genetiker besonders wichtige Wachstumshormon *Somatotropin* muß nicht mehr aus den Hypophysen frisch Verstorbener gewonnen werden. Der *Blutgerinnungsfaktor VIII,* den Bluterpatienten nicht selbst in funktionsfähiger Form bilden, kann nun wirkungsvoll eingesetzt werden, da die bisherige äußerst teuere Isolierung aus menschlichem Blut überflüssig wird. Die Krankenkassen werden allein hier künftig erheblich Beträge einsparen, da die lebenslange konventionelle Behandlung eines einzigen Bluters bisher Millionenbeträge erforderte.

Das Produkt *Erythropoetin,* ein Wachstumsfaktor für rote Blutkörperchen, erspart nierenkranken Dialysepatienten die sonst häufigen Bluttransfusionen.

Der *Gewebsplasminogenaktivator* (TPA) wird bei akutem Herzinfarkt eingesetzt. Es ist ein Thrombolytikum, löst also Blutgerinnsel auf.

Große Hoffnungen werden auch in eine Gruppe von körpereigenen Substanzen gesetzt. Es handelt sich um die *Koloniestimulierenden Faktoren G-CSF* und *GM-CSF*. Sie fördern bei der Entwicklung von Blutzellen die Differenzierung und das Wachstum von Vorstufen unterschiedlicher Zelltypen. Beide Medikamente werden bei Krebskranken eingesetzt; GM-CSF zur Behandlung von Patienten, die wegen einer Leukämie eine Knochenmarktransplantation erhalten. G-CSF unterstützt die Chemotherapie. Unter der CSF-Behandlung werden die weißen

Blutzellen wesentlich schneller regeneriert, was das völlig darniederliegende Immunsystem der Patienten nach Chemotherapie und/oder Bestrahlung rascher wieder in Funktion setzt. Dies könnte bei einigen Tumoren zu Heilungschancen verhelfen, bei denen bisher aufgrund des Zusammenbruchs des Immunsystems eine weitere Therapie abgebrochen werden mußte.

Auch war es für einige Viren bisher kaum möglich, *Antigene* für Impfstoffe in ausreichendem Maße konventionell zu isolieren. Nun können gentechnisch seit einiger Zeit jedoch Hepatitisvirusantigene produziert und daraus *Hepatitisimpfstoffe* hergestellt werden.

Die in der Entwicklung sich befindenden Genprodukte der Zukunft zielen auf Krankheiten, die konventionell-medikamentös nur schwer behandelbar waren oder sich einer Behandlung entzogen. Es handelt sich um *Alzheimer* und andere *neurologische Erkrankungen, Tumoren, Autoimmunerkrankungen* und den *septischen Schock*. Allein letzterer führt heute noch zum Tode von mehr Intensivpatienten als die eigentliche Erkrankung, wegen derer sie in die Klinik eingeliefert wurden.

> Ohne Übertreibung kann man also zusammenfassen, daß die Bilanz nach gut 10 Jahren angelaufener gentechnischer Entwicklung von Medikamenten eine äußerst positive ist, wobei der wirkliche Erfolg sicherlich noch im Aufbau ist, wenn man bedenkt, daß die Entwicklungs- und Erprobungszeiten für ein Medikament in der Regel etwa 10 Jahre erfordern. Dabei kann man längerfristig auch mit einer Kostendämpfung im Gesundheitssektor rechnen, wenn auch die hohen Entwicklungskosten der ersten Medikamentegeneration hier nicht immer die primären Erwartungen erfüllt haben.

▰ Genotypendiagnostik

Mit den Methoden der Gentechnik ist es aber nicht nur möglich, Medikamente herzustellen, sondern man hat auch neue Möglichkeiten zur genetischen Analyse von Erbkrankheiten erschlossen. Dabei kann man die nachfolgend besprochene Methode sowohl zur Analyse am Ungeborenen als auch nach der Geburt anwenden. Weil man den Genotyp analysiert, bezeichnet man diese Methode als *Gentypendiagnostik*. Mit ihr können monogene Erkrankungen auf DNA-Ebene sowohl nachgewiesen als auch ausgeschlossen werden.

Dabei nutzt man vorwiegend ein Verfahren, das die Genetik als *Southern-Blot-Hybridisierung* bezeichnet. Mit dieser Technik erkennt man das gesuchte DNA-Stück, in dem die Mutation lokalisiert ist, in einer Mischung von DNA-Fragmenten, die man durch Schneiden einer Gesamt-DNA mit Restriktionsenzymen gewonnen hat. Die geschnittene DNA wird in einem gelatineartigen Medium, an das ein elektrisches Feld angelegt ist, aufgetrennt. Dabei ist eine Auftrennung im elektrischen Feld deshalb möglich, weil die DNA-Stücke einerseits natürlicherweise eine elektrische Ladung besitzen und andererseits durch ein Restriktionsenzym in verschieden lange Fragmente geschnitten werden, je nachdem wie weit zwei Schnittstellen zufällig voneinander entfernt gelegen sind. Lange Stücke laufen dann in dem gelatineartigen Medium innerhalb einer gegebenen Versuchszeit weniger weit als kurze. Man erhält letztlich eine Auftrennung in Banden. Jede Bande repräsentiert DNA-Fragmente einer bestimmten Länge. Danach macht man durch Hitze die bisher doppelsträngige DNA einzelsträngig, um sie empfänglich für ein im nächsten Schritt einzubringendes DNA-Stück zu machen, welches uns die gesuchte DNA-Sequenz, die die Mutation trägt, markieren soll. Man

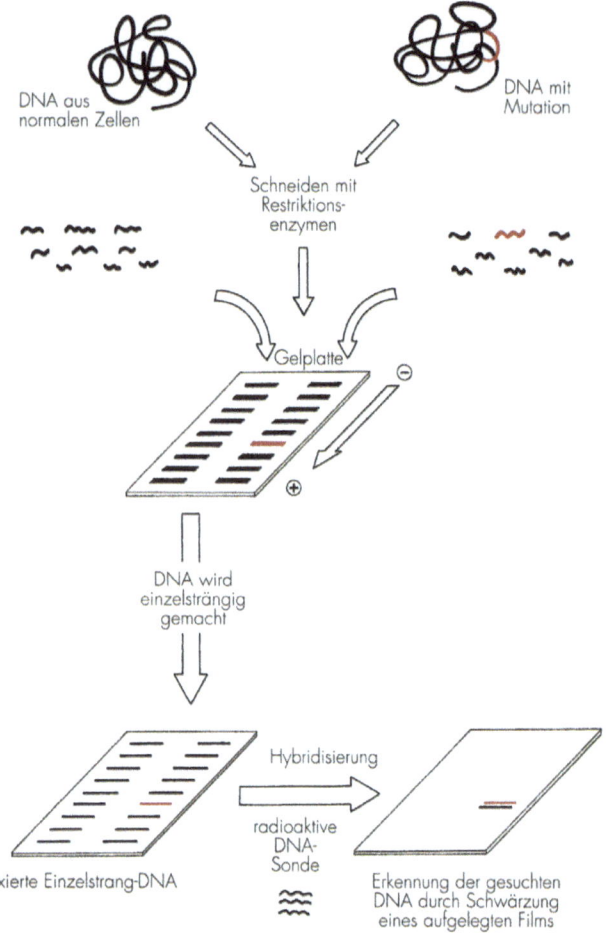

Abb. 38. Die grundlegende Methode der Southern-Blot-Hybridisierung.

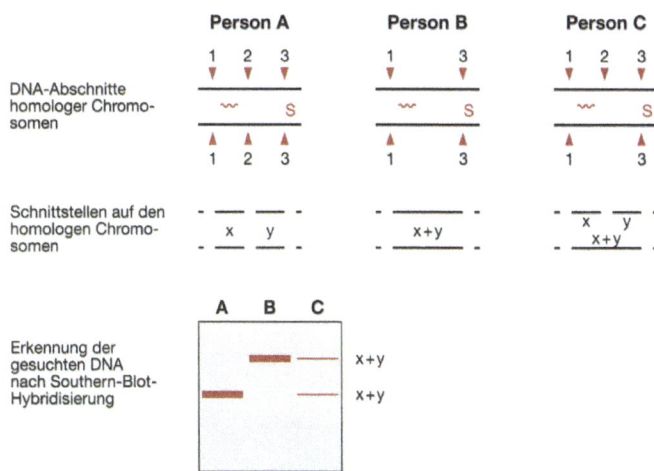

Abb. 39. Die Entstehung eines Restriktionsfragmentlängenpolymorphismus. (S Sonde, XY Fragmente) Bei Person A sind bei einem gegebenen Restriktionsenzym 3 Schnittstellen vorhanden, gleichzeitig ist sie für die Schnittstellen homozygot, Person B hat nur 2 Schnittstellen und ist ebenfalls homozygot, Person C ist heterozygot.

bezeichnet diesen Folgeschritt als *Hybridisierung*, wobei die Möglichkeit ausgenutzt wird, daß sich zueinander passende DNA-Stücke von alleine finden. Um allerdings zu erkennen, wohin unsere Erkennungs-DNA-Sonde wandert, muß diese radioaktiv markiert werden. Die Sonde erkennt also das kritische DNA-Stück letztlich aus der gesamten DNA heraus. Dieses kann dann in einem weiteren Schritt analysiert werden (Abb. 38).

Auch hier nutzt man die Schnitteigenschaften der Restriktionsenzyme. Durch Veränderungen auf DNA-Ebene – immer unser kritisches DNA-Stück betrachtet, auf dem wir die Mutation suchen – kann nämlich eine primär vorhandene Schnittstelle für ein Restriktionsenzym verändert werden, indem sie entweder verschwindet oder zusätzlich eine neue geschaffen wird (Abb. 39). Dadurch entsteht eine Längenvariabilität, die zur klinischen Diagnostik herangezogen wird. Da die Länge der mit einem Restriktionsenzym geschnittenen Fragmente variiert, und man vorhandene Unterschiede innerhalb einer Art in der Biologie häufig als Polymorphismus bezeichnet, spricht man von einem *Restriktionsfragmentlängenpolymorphismus (RFLP)*.

RFLPs sind also letztlich dafür verantwortlich, daß man Unterschiede in der DNA, die eine Erbkrankheit bedingen, finden kann. Dabei muß der Unterschied in der Schnittlänge nicht in ursächlichem Zusammenhang mit der Erkrankung stehen, er markiert aber das normale und das mutierte Gen.

Man unterscheidet weiterhin methodisch zwischen einer *direkten* und einer *indirekten* Genotypendiagnostik. Man kann Genmutationen dann direkt nachweisen, wenn der RFLP innerhalb eines Gens liegt, das bei einer genetisch bedingten Erkrankung mutiert ist, also die Mutation eine Schnittstelle zerstört oder neu geschaffen hat.

Hierdurch wird eindeutig das Normalgen vom mutierten Gen unterschieden. Eine zweifelsfreie Pränataldiagnostik ist dann möglich, wenn die Genmutation bei allen Trägern immer an exakt der gleichen Position des Gens vorhanden ist (Abb. 40a). Die indirekte Genotypendiagnostik muß man immer dann anwenden, wenn das Gen für eine Erbkrankheit nicht direkt untersucht werden kann, seine Lage auf einem bestimmten Chromosom aber bekannt ist. Man sucht dann Sonden, die einen RFLP erkennen, der in der Nähe des interessierenden Gens liegt (Abb. 40b). Allerdings ist die Nachweismethode dann weniger sicher als die direkte Methode, da zwischen dem eigentlichen Gen und dem Nachweisbereich die Möglichkeit eines Crossing-over berücksichtigt wer-

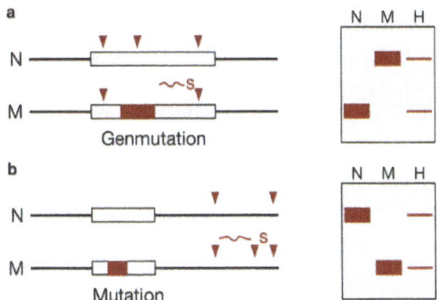

Abb. 40a,b. Beispiele direkter und indirekter Genotypendiagnostik mit Hilfe von DNA-Sonden. Normalgen (*N*) und mutiertes Gen (*M*), *S* Sonde, ▼ = Schnittstellen des Restriktionsenzyms; *rechts* Southern-Blot-Hybridisierung mit den Genotypen *N* (Normalgen), *M* mutiertes Gen, *H* heterozygoter Genotyp. **a** Direkte Genotypendiagnostik. Genmutation zerstört eine Schnittstelle. **b** Indirekte Genotypendiagnostik mit RFLP und gekoppeltem Gen.

den muß, das, wenn auch in seltenen Fällen, vorkommen kann. Hierdurch ist die indirekte Genotypendiagnostik immer eine Wahrscheinlichkeitsrechnung.

- Gentechnische Methoden machen es also für die Diagnostik von Erbkrankheiten möglich, bei einer zunehmenden Zahl von Erkrankungen nicht mehr einer Familie nur Wahrscheinlichkeiten zu nennen, mit denen ein Kind einer geplanten oder bestehenden Schwangerschaft erkranken wird.
- Es kann sowohl die genotypische Situation der Eltern als auch die eines Kindes prä- und postnatal molekular untersucht werden. Damit sind in jeder Hinsicht häufig exakte Prognosen möglich.

In vielen Fällen helfen diese Analysen einem Paar auch zur positiven Entscheidung für eine Schwangerschaft. Dies ist vor allem bei solchen familiären genetischen Konstellationen von erheblicher Bedeutung, bei denen ein erwartbar hohes Risiko für eine Erkrankung erheblichen Schweregrades sonst in der Regel zum Verzicht auf Nachwuchs geführt hätte.

Das Argument von Kritikern, die Humangenetik strebe hiermit die Erzeugung einer leidensfreien Gesellschaft an, besitzt zynische Komponenten. Wir würden uns in der Medizin schuldig machen, Leiden künstlich aufrecht zu erhalten, wo man helfen und vorbeugen könnte. Die besprochenen Methoden werden also letztlich nicht zur frühen Selektion und Qualifikation von Leben führen. Sie werden umgekehrt in vielen Fällen die Geburt eines Menschen ermöglichen, der sonst nie entstanden wäre, und sie werden dazu führen, daß Therapiemöglichkeiten bei Betroffenen frühzeitig einsetzen können.

Dabei sind es wiederum die gleichen Techniken, die durch die zunehmende Kenntnis der molekularen Veränderungen neue Therapiekonzepte bei Krankheiten ermöglichen, bei denen bisher keine Therapie möglich war. Natürlich werden sich bei einem Teil der Schwangerschaften – bei schwerwiegenden Erkrankungen ohne erfolgreiche Therapieansätze – Eltern zum Abbruch entscheiden. Hier sind die medizinischen Grenzen mit dem ethisch vertretbaren abzustimmen, ein Prozeß, der – von beiden Seiten gegenseitig beeinflußt – uns sowohl als Betroffene als auch als Gesellschaft vor die schwierige Aufgabe stellt, immer neue Antworten zu finden.

Gentherapie

Somatische Gentherapie

Das Wunschstreben, genetische Defekte durch Einbau gesunder Gene heilen zu können, blieb lange Utopie. In den letzten Jahren gelang es allerdings, viele Gene zu isolieren und zu klonieren. So liegt der Gedanke nahe, die Therapie genetischer Defekte nicht nur auf Genproduktebene, sondern durch Einschleusung von Genen in Körperzellen zu versuchen. Dabei ist der Grundgedanke der einer Substitution des Defektgens mit dem sozusagen normalen Gen zu erreichen. Da die Substitution von Körperzellen nicht zu Veränderungen der Keimzellen führt und sich damit tatsächlich nur auf den direkt behandelten Menschen, nicht jedoch auf seine Nachkommen auswirkt, unterscheidet sich die *somatische Gentherapie* nicht so sehr von der Therapie auf Genproduktebene. Aus diesem Grund wurden auch kaum ethische Bedenken gegen solche Überlegungen geäußert.

Die wirkungsvolle Einführung von Genen in Zellen hängt wiederum von geeigneten Vektoren ab, die quasi als Gen-Taxi das erwünschte Gen an seinen Zielort verbringen.

In den letzten Jahren ist es gelungen, experimentell Säugetiergene über Virusträger in andere Säugetierzellen einzubringen. Dabei gibt es zwei verschiedene Klassen von Virusträgern, die von ihren grundsätzlichen Eigenschaften her verschieden arbeiten. Die erste Klasse von Viren befördert ihre Genfracht nur bis in den Zellkern, während die zweite Klasse die neue Erbinformation direkt in die Chromosomen einbringt.

Ein Verbringen nur in den Zellkern bedeutet ein »Parken« der Gene gleichsam im Foyer der genetischen Bibliothek. Auch hier wird die zusätzliche Information abgelesen und das Genprodukt synthetisiert. Teilt sich allerdings die substituierte Zelle, so wird bei der Kopierung der gesamten Erbinformation das zusätzliche Gen nicht mitberücksichtigt. Die eingeschleuste Erbinformation geht also verloren, der Therapieeffekt ist ein außerordentlich begrenzter.

Anders ist es bei der zweiten viralen Klasse, die die Erbinformation direkt in die Chromosomen verbringt. Hier ist die mitgebrachte Information dauerhaft eingelagert und wird mit vervielfältigt. Alle Tochterzellen von solchermaßen gentherapierten Zellen besitzen daher ebenso das »normale«, das »heilende« Gen.

Man bezeichnet diese Virusklasse als *Retroviren*, weil sie RNA als Erbinformation besitzen, wovon sie jedoch mit Hilfe eines bestimmten Enzyms eine DNA-Kopie erstellen können. Sie können zudem diese DNA-Kopie ins menschliche Erbgut einbauen, und normalerweise benutzen sie dann diese, um sich selbst zu vermehren. Daher gehören wegen dieser Eigenschaften die Retroviren zu gefährlichen Krankheitserregern. Bekannte Beispiele durch sie verursachter Krankheiten sind AIDS und die Krebserzeugung durch Onkoviren. Um sie gentherapeutisch einsetzen zu können, werden diese Viren genetisch verkrüppelt. Sie können dann immer noch in den Zellkern eindringen und sich ins Genom integrieren. Allerdings ist ihnen die Fähigkeit genommen, sich weiter zu vermehren und dadurch ein Krankheitsrisiko im Normalfall ausgeschlossen.

Theoretische Bedenken gegenüber der Gentherapie bei Menschen

Bevor wir uns jedoch dem Stand der gegenwärtigen ersten Gentherapieversuche beim Menschen zuwenden, sollten einzelne Risiken, die auf theoretischen Überlegungen beruhen und die durch diesen Einbau von Retroviren ins menschliche Genom verursacht werden können, angesprochen werden.

Es ist theoretisch denkbar, daß die gentechnisch veränderten Retroviren in einer Zelle auf andere Retroviren treffen könnten, die sich im Rahmen einer früheren Infektion in die Zell-DNA eingebaut haben. Durch einen Austausch von Genen könnte aus einem harmlosen Gen-Taxi wieder ein gefährlicher Krankheitserreger werden, weil die Vermehrungsfähigkeit wiedererlangt wurde. Allerdings hat sich diese theoretische Gefahr bisher in der Praxis nicht bestätigt.

Realistisch viel größer ist ein anderes Risiko. Die Retroviren transportieren das zu verbringende Gen nämlich nicht an eine gezielte Stelle im Genom – am besten wäre es natürlich in die Nähe des Defektgens, sozusagen an den richtigen Standort –, sondern integrieren es irgendwo. So kann das Gen natürlich auch an einer Stelle landen, die gar nicht abgelesen wird. Dies ist allerdings harmlos, der Gentherapieversuch wäre hiermit nicht gescheitert, da das entsprechende Gen natürlich nicht nur in ein Genom einer Zelle, sondern gleichzeitig in viele und in jedes an eine andere Stelle verbracht wird.

Weniger schlimm wäre es auch, wenn das zusätzliche Gen zwischen zwei Gene eingesetzt würde, die nicht getrennt werden dürfen, oder gar innerhalb eines Gens eingelagert wird, das damit seine Funktion verliert. Das Resultat wäre immer ein funktionsloses Eiweißprodukt, was aber in der Regel vom Organismus wohl ohne weiteres verkraftet würde. Die Begründung ist die gleiche wie oben. Der Defekt wäre nur in einer Zelle entstanden, die anderen Zellen würden normal synthetisieren.

Wirklich tragisch würde es allerdings, wenn das Gen an einer Stelle im Genom eingebaut würde, an der ein Ableseverbot existiert, und wenn durch den Einbau dieses Ableseverbot aufgehoben würde. Ableseverbote existieren an Stellen, an denen gefährliche Botschaften kodiert sind. *Krebsgene* sind solche Botschaften. Sie sind mit speziellen genetischen Sicherungen versehen. Eine Zerstörung einer solchen Sicherung würde unweigerlich zu krebsartigen Veränderungen und zu Wucherungen der Zelle führen.

Aus Tierversuchen an Mäusen ist bekannt, daß intakte Retroviren Krebsgene aktivieren können. Ob dies die Gen-Taxis auch vermögen, ist bisher unklar. Aber hier würde tatsächlich der verhängnisvolle Einbau in eine einzige Zelle genügen, um ein akutes Risiko zu produzieren.

Ideal wäre es natürlich, man könnte eines Tages das Gen an die richtige Stelle einbauen. Wenn wir auch von diesem Ziel wissenschaftlich noch weit entfernt sind, so gibt es doch auch hier Hoffnungen. Wir kennen inzwischen Viren, die eine Vorliebe für einen bestimmten Bereich des Chromosoms 19 des Menschen besitzen und können vielleicht aufgrund dieser Kenntnis auch eines Tages einer korrekteren Plazierung näher kommen.

Bisher haben wir die Transporteure von Genen betrachtet und auch, um euphorischen Erwartungen vorzubeugen, die Unzulänglichkeiten und Risiken einer somatischen Gentherapie auf dem gegenwärtigen Stand zuerst beschrieben. Macht man sich aber klar, welche Patienten und Erkrankungen für einen Gentherapieversuch in Frage kommen, so mögen diese dennoch auch zum gegenwärtigen Zeitpunkt als eher tolerabel, wenn auch nicht vernachlässigbar, angesehen werden. Es handelt sich um

Patienten mit Krankheiten, für die es bisher keinerlei ursächliche Behandlungsmöglichkeiten und Heilungschancen gibt.

In jedem einzelnen Falle haben darüber hinaus *Ethikkommissionen* zu entscheiden, ob ein Gentherapieversuch gewagt werden soll. Somatische Gentherapie ist also bei jedem einzelnen der bisher wenigen behandelten Patienten der letzte Versuch, eine Heilungschance herbeizuführen.

Praktische Gentherapieversuche

Der erste in den USA staatlich genehmigte Versuch einer Gentherapie begann im September 1990 an dem National Institute of Health in Bethesda (Maryland). Es wurde das Gen für das Enzym *Adenosindesaminase (ADA)* in die weißen Blutkörperchen eines vierjährigen Mädchens geschleußt. Der erste europäische Gentherapiepatient war im Frühjahr 1992 ein Junge aus Sizilien, der in Brescia ebenfalls mit dem ADA-Gen behandelt wurde.

Durch eine Mutation können die Zellen der Betroffenen kein korrektes oder gar kein ADA-Enzym bilden. Die Aufgabe des Enzyms ist es, das Stoffwechselzwischenprodukt Dioxiadenosin und seine Abkömmlinge abzubauen. Ein Enzymmangel und eine damit verbundene hohe Dioxiadenosinkonzentration ist für eine Gruppe weißer Blutzellen, die T-Zellen, tödlich. Eine Vernichtung dieser für die Immunabwehr wichtigen Zellen führt dazu, daß sich Infektionen aller Art ungehindert ausbreiten können. Der langsame Zusammenbruch des Immunsystems macht jeden Schnupfen zum lebensbedrohlichen Risiko.

Die Kinder liegen unter einem Isolierzelt und werden ständig mit schweren Antibiotika behandelt. Auch die Behandlung mit ADA-Enzymen, die aus Rinderserum gewonnen werden, bringt in der Regel, wenn überhaupt, nur vorübergehende Erfolge.

Eine weitere konventionelle Behandlung ist eine Knochenmarktransplantation, die ADA-Kranken noch die besten Heilungschancen bietet. Dazu benötigt man jedoch einen immunologisch verträglichen Spender. Bei dem sizilianischen Jungen fehlte dieser. Folglich entschloß sich das italienische Ärzteteam zusammen mit einem Molekularbiologen nach vorhergegangenen erfolgreichen Tierversuchen, Blut- und Knochenmarkzellen zu entnehmen. In Kultur wurden diese über virale Gen-Taxis mit dem korrekten ADA-Gen gentherapeutisch behandelt. Das Gen wurde in das Erbgut eingebaut; anschließend infundierte man die so behandelten Zellen zurück in den Körper des Patienten. Die Prozedur wurde mehrfach wiederholt.

Die Ärzte sind bisher mit den Erfolgen ihrer Therapie zufrieden. So zeigen beispielsweise zwei Jahre nach Behandlung die ersten beiden in den USA behandelten Mädchen eine annähernd normale ADA-Konzentration in ihrem Blut, haben deutlich weniger Infektionen, das Immunsystem spricht auf Impfungen an. Das Leben der Mädchen hat sich normalisiert, sie gehen sogar zur Schule. Allerdings erhalten die behandelten Kinder auch weiterhin das Rinder-ADA-Enzym medikamentös zugeführt, so daß eine wissenschaftlich eindeutige Interpretation wegen der kombinierten Therapie nicht zweifelsfrei möglich ist. Bei anderen gentherapeutisch behandelten Patienten scheint eine weitere Prognose noch verfrüht, doch auch hier zeigen sich Erfolge.

Ein weiteres Problem bei der bisherigen Substitution der Zellen mit normalem ADA-Gen ist, daß reife

Blutzellen behandelt wurden, die nicht mehr teilungsfähig sind. Der Tod dieser Zellen nach einiger Zeit bedeutet automatisch das Zugrundegehen der lebenswichtigen transferierten ADA-Gene. Infolgedessen muß die Behandlung in bestimmten Zeitabständen regelmäßig wiederholt werden. Das Ziel einer dauerhaften Heilung ist also noch nicht erreicht.

Der weiterführende, jedoch viel schwierigere Weg muß also sein, aus dem Blut der Patienten teilungsfähige *Stammzellen* herauszufischen und diese gentherapeutisch zu behandeln. Hierzu muß allerdings die Erfolgsrate des Gentransfers noch erhöht werden. Nur eine von einer Million Zellen im Blutstrom ist eine Stammzelle, und bisher gelingt es mit spezifisch dafür konstruierten Gen-Taxis nur in 0,1–1 %, das Gen einzubauen. Sowohl die amerikanische Gruppe als auch eine niederländische arbeiten daran.

Derzeit sind weltweit nur ca. 15 Fälle von ADA-Kranken bekannt. Es handelt sich also tatsächlich um eine sehr seltene Erkrankung, über die Kritiker bereits bemerkt haben, daß es wohl gegenwärtig mehr Gentherapeuten als ADA-Patienten gäbe. Was sind also die Gründe, daß man sich gerade auf diese Erkrankung wissenschaftlich so stark konzentriert hat? Hier spielen Zufälle aber auch das exemplarische dieser Erkrankung für eine ganze Anzahl anderer Erkrankungen eine Rolle, an denen man bereits arbeitet. Das ADA-Gen wurde als eines der ersten krankheitsrelevanten kloniert. Es kann in Blutzellen transferiert werden, die sich im Gegensatz zu anderen gut kultivieren lassen. Es standen geeignete Gen-Taxis zur Verfügung. Die Krankheit wird durch ein einziges Gen verursacht, das man substituieren kann, ohne das Defektgen abzuschalten. Das Vorhandensein des normalen Genproduktes reicht aus, eine komplizierte Regulation ist nicht erforderlich. Schließlich waren bereits vor der Behandlung von Patienten Tierversuche erfolgreich und ließen für den Menschen hoffen.

Das exemplarische der ADA-Erkrankung zeigt u. a. die Problematik der Stammzellbehandlung. Auch bei anderen Erkrankungen käme man nicht umhin, Stammzellen zu behandeln, wenn man langfristige Heilungserfolge erzielen will. So bei der großen Gruppe der *Thalassämien, Hämoglobinopathien,* die durch ungenügende oder fehlende Synthese der einen oder anderen Hämoglobinkette gekennzeichnet sind. Die reifen roten Blutkörperchen haben aber keinen Zellkern mehr, so daß hier der einzige Weg über Stammzellen führt. Auch bei der *Bluterkrankheit* (ca. 3000 Patienten in Deutschland) wäre der lebenslange Nachschub der fehlenden Gerinnungsfaktoren nur über Stammzellen gesichert.

Andere Wissenschaftler arbeiten an der gentherapeutischen Behandlung von *Krebserkrankungen.* So werden Blutzellen mit *Interleukingenen* immunologisch gestärkt, um Metastasen bei Nierenkrebs und Melanompatienten zu bekämpfen.

Selbst bei erworbenen, nicht genetisch bedingten Erkrankungen denkt man heute an gentherapeutische Ansätze. Wenn es bei AIDS möglich wäre, Gene, die eine Resistenz gegenüber dem HI-Virus verleihen, in Stammzellen zu transferieren, würde man eine Resistenz gegenüber HIV in allen Blutzelltypen erreichen. Allerdings muß man sich bei solchen Überlegungen darüber im klaren sein, daß hier nicht menschliche Gene in das menschliche Genom eingeführt würden. Auch bei einer reinen somatischen Gentherapie ist letztlich eine ungewollte Mitbehandlung der Keimzellen nicht völlig auszuschließen, mindestens so lange nicht, wie noch Unsicherheiten bezüglich einer wiedergewinnbaren Vermehrungsfähigkeit der Gen-Taxis bestehen. Dies hätte aber die genetische Veränderung nicht eines betroffenen Patienten, sondern all seiner Nachfahren zur Folge. Andererseits ist uns allen gerade bei AIDS die endgültige Konsequenz einer HIV-Infektion für den Betroffenen nur allzu bewußt. Gentechnische Ansätze sind hier vielleicht zukünftig die einzige Lösung.

Den gegenwärtig vielleicht spektakulärsten Erfolg bei der Behandlung einer genetisch bedingten Erkrankung mit somatischer Gentherapie erhofft man sich bei der *zystischen Fibrose* oder *Mukoviszidose*. Im Gegensatz zur seltenen ADA-Defizienz handelt es sich hier mit über 40000 betroffenen Patienten in Deutschland um die häufigste rezessiv vererbte Erkrankung der weißen Rasse überhaupt. Allein in Deutschland werden pro Jahr ca. 300 Säuglinge mit dieser Erkrankung geboren. Noch eine Generation zuvor starben die meisten Betroffenen in der frühen Kindheit. Durch den medizinischen Fortschritt überleben heute viele bis über 30 Jahre unter ständiger ärztlicher Behandlung.

In gesunden Lungen pumpen die Zellen der Bronchienwände unaufhörlich Salz durch spezielle Natrium- und Chloridporen. Dem Salz folgt Wasser, das die Hohlräume der Lunge durchspült. Kinder mit zystischer Fibrose besitzen defekte Chloridporen in den Zellwänden. Das Drainagesystem der Lunge trocknet aus, es sammelt sich zähflüssiger Schleim in den Bronchien an. Bakterien und Viren können sich leicht in der verschleimten Lunge ansammeln und führen zu ständigen Erkältungen, Bronchitis und Lungenentzündungen. Schließlich versagt die überstrapazierte Lunge.

Das hierfür verantwortliche Gen wurde 1989 identifiziert und charakterisiert. Amerikanische und französische Wissenschaftlerteams infizierten Ratten mit Adenoviren, eine Art von Erkältungsviren, als Gen-Taxis, denen zuvor das Normalgen eingebaut worden war. Es gelang, das Gen in das Erbgut der Lungenzellen zu verankern

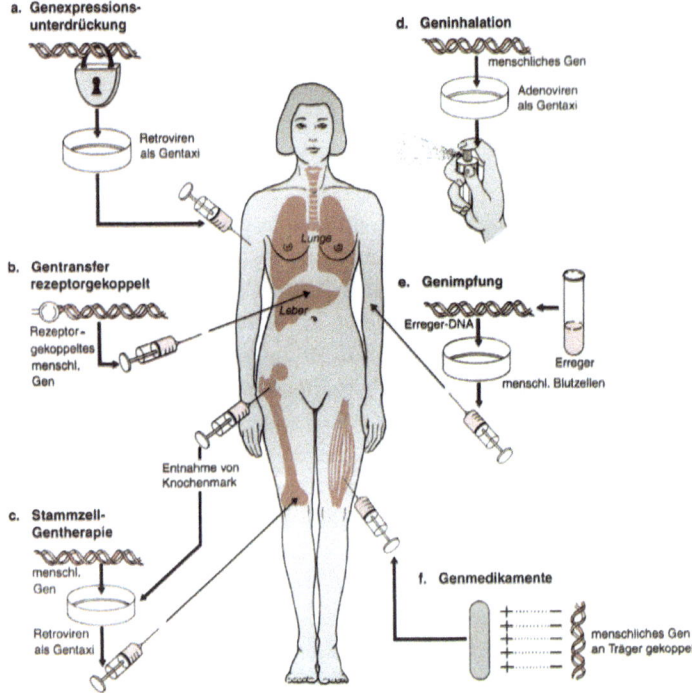

Abb. 41a–f. Die Wege ins Erbgut des Menschen. Nur ein Teil davon ist allerdings bis zur Praxisreife erprobt. **a** Unterdrückende Gene könnten die Wucherung von Krebszellen stoppen. **b** Rezeptoren sind spezifische Moleküle von bestimmten Zelloberflächen. An sie gekoppelt könnte ein Gen spezifisch in bestimmte Zellen transportiert werden. **c** Das korrekte Gen wird in Stammzellen verbracht. Hiermit könnte z. B. der ADA-Defekt dauerhaft korrigiert werden. **d** Adenoviren können als Gen-Taxis in die Lungenzellen verwendet werden. Erprobt wird dieses Verfahren bei der zystischen Fibrose. **e** Erregergene könnten in menschliche Blutzellen verbracht werden und deren Zelloberfläche so verändern, daß die zelluläre Abwehr eines Patienten in Gang gesetzt wird. Man denkt an solche Konzepte bei AIDS und Hepatitis. (Fortsetzung S. 119)

Tabelle 4. Gentherapie am Menschen. Begonnene und Genehmigte Therapien.

Begonnene Therapien

Therapie	Therapiebeginn	Krankheit
ADA-Gentransfer in periphere weiße Blutzellen	September 1990	ADA-Mangel
TNF-Gentransfer in weiße Blutzellen	Januar 1991	Malignes Melanom (Hautkrebs)
Faktor-IX-Gentransfer in Vorläuferzellen des Bindegewebes	Dezember 1991	Seltene Form der Bluterkrankheit
Interleukin-2-Gentransfer in Krebszellen	März 1992	Krebs
ADA-Gentransfer in periphere weiße Blutzellen	März 1992	ADA-Mangel
TNF-Gentransfer in Krebszellen	Oktober 1992	Krebs
Zystische Fibrose-Gentransfer in Bronchialzellen	September 1993	Zystische Fibrose

Genehmigte Therapien

Therapie	Krankheit
LDL-Rezeptor-Gentransfer in Leberzellen	Erhöhter familiärer Cholesterinspiegel
Toxin-Gentransfer in Krebszellen	Eierstockkrebs
Antigentransfer in Krebszellen	Malignes Melanom (Hautkrebs)
Genetisch veränderte weiße Blutzellen	AIDS
ADA-Gentransfer in Knochenmarkzellen	ADA-Mangel

f Die Injektion von an Trägersubstanzen gekoppelten Genen könnte direkt in den erkrankten Körperteil erfolgen und dort könnten diese in die Zellen aufgenommen werden. Denkbare Zielerkrankung wäre die Muskeldystrophie Typ Duchenne.

und die Produktion des menschlichen Proteins über Wochen nachzuweisen.

Diese und andere Untersuchungen lassen die beteiligten Wissenschaftler hoffen, durch Inhalation des gesunden Gens in geeigneter Aufbereitung den Bronchialzellen die normale Funktionsfähigkeit zu geben. Zystische Fibrose wäre dann mit einem heilenden Genspray aus der Dose zu behandeln, eine geradezu utopische Vorstellung, die aber möglicherweise in naher Zukunft zur Realität werden wird. Es werden in USA und Europa bereits erste Versuche an Patienten durchgeführt (Abb. 41 und Tabelle 4).

Aber bei allen hoffnungsvollen Ansätze der somatischen Gentherapie bleiben eine Reihe von Problemen ungelöst. Ein sehr wesentliches ist die Effizienz der Vektoren, die in den meisten Fällen noch zu gering ist. Nur etwa 10 % der behandelten Zellen nehmen das neue Gen auch tatsächlich auf. Es bleibt weiterhin ein schwieriges Problem, die Gene in die richtigen Zellen zu transferieren, und selbst dann, wenn das übertragene Gen arbeitet, haben viele transplantierten Gene die Tendenz, sich nach einigen Wochen selbst abzuschalten. Natürlich sind wir auch noch weit davon entfernt, das defekte Gen abschalten zu können, wenn auch genetische Abschalttechniken bereits in Grundzügen erprobt werden. Ein Einsatz beim Menschen ist aber für diese mit vielen Unabwägbarkeiten verbundene Technik wohl noch in weiter Ferne. Schließlich wird auch die richtige Positionierung im Genom – und sie ist vielleicht das größte Problem – wohl noch lange ungelöst bleiben.

Überlegungen zur Keimzelltherapie

Wird allgemein die somatische Gentherapie als ethisch unbedenklich und vergleichbar mit einer Therapie auf Genproduktebene oder bestenfalls mit einer Organtransplantation angesehen, so würde eine Keimzelltherapie wohl zu schweren ehtischen Problemen führen.

1983 gelang erstmals experimentell die Einschleusung eines Wachstumsgens in Zygoten von Mäusen und die Erzeugung von Riesenmäusen. Seitdem werden in vielen Laboratorien *transgene Mäuse,* wie man diese Tiere nennt, für unterschiedliche experimentelle Zwecke erzeugt, wie z. B. auch zur Erforschung der zystischen Fibrose und deren somatische Gentherapie. Derartige Untersuchungen werfen die Frage auf, ob man damit rechnen muß, daß ähnliche Manipulationen in Zukunft auch an menschlichen Keimzellen ausgeführt werden könnten.

Heute ist die überwiegende Meinung aller Beobachter (Wissenschaftler, Ärzte und Außenstehende), daß eine Gentherapie an menschlichen Keimzellen auf absehbare Zeit nicht in Frage kommt. Außerdem wird von Theologen und Philosophen das Argument vorgebracht, eine »genetische Manipulation« des ganzen Menschen verstoße gegen die Menschenwürde. Es sei ein Ausdruck von Hybris, den Menschen nach seinem Idealbild zu verändern.

Bei allen an der Diskussion Beteiligten besteht also eine breite Übereinstimmung:

- Therapieversuche an menschlichen Zygoten dürfen nicht durchgeführt werden.
- Hierfür besteht auch keine medizinische Indikation.

Um dies zu verdeutlichen, sollte man nochmals auf den oben angesprochenen ADA-Mangel zurückkommen. Der Erbgang ist rezessiv wie bei sehr vielen schweren Erbkrankheiten. Wenn bekannt ist, daß beide Eltern heterozygot sind, besteht jedoch nur ein Risiko von 25 %, daß ein homozygotes Kind entsteht. Bevor man eine Gentherapie ins Auge fassen könnte, müßte man feststellen, ob die frisch befruchtete Zygote tatsächlich homozygot für das Defektgen ist.

Wäre es dann nicht viel einfacher und ungefährlicher, eine andere normale Zygote des Paares zu implantieren? Diese einfachere und vor allem sicherere Alternative besteht in praktisch jedem Fall. Damit ist diese heute häufig so leidenschaftlich diskutierte Methode in der Tat überflüssig.

Eine tiefgreifende Furcht besteht auch vor der Vision, einen »normalen« Menschen verbessern zu wollen, etwa durch Einführung von Genen, um eine erhöhte Intelligenz, ausgeglichenere Persönlichkeit, bessere Muskelentwicklung oder ähnliches zu erreichen. Hier bestünde in der Tat die ernsthafte Gefahr, daß der Mensch sich zum Halbgott erheben würde, und eine absolute Grenze muß zweifellos gesetzt werden.

13 Humangenetik und Krankheiten

Was bedeutet der Begriff Krankheit? Krankheit wird definiert als Veränderungen der physiologischen Lebensvorgänge in Organen oder Organsystemen, die zu objektiven und subjektiven Störungen führen. Ursache und Entstehungsmechanismus der Krankheiten sind vielschichtig. Exogene und genetische Faktoren können alleine oder auch zusammenwirken und zur Erkrankung von Menschen führen. Allerdings muß man davon ausgehen, daß die Definition des Krankheitsbegriffes je nach sozial-evolutionärem Wandel variieren kann. So ist z. B. durch die Entwicklung der DNA-Diagnostik das Erkennen von biologischen krankmachenden Ursachen vor dem Auftreten der Erkrankung möglich geworden. Das ändert zwar die Definition und Bedeutung des Krankheitsbegriffes nicht, hat aber Einfluß auf die soziale Wertung aufgrund der Anlageträgerschaft.

Schon früher erkannte man die Vererbung von bestimmten Typen und Krankheiten. So wurde von Hippokrates nicht nur Blauäugigkeit, sondern auch die Epilepsie als erblich bedingt angesehen. Galton beobachtete, ohne die Erkenntnisse von Mendel zu kennen, die Erblichkeit körperlicher und psychischer Eigenschaften sowie die Vererbung der Intelligenz. Zur gleichen Zeit wurden dann die Mendelschen Vererbungsgesetze auf Beobachtungen beim Menschen angewandt.

Merkmale, in denen sich die einzelnen Menschen unterscheiden, können als Hilfsmittel der genetischen Analyse verwendet werden. Mit der Entwicklung der biochemischen Genetik begann die Untersuchung von Genprodukten; die Beobachtungen von normalen Varianten in der Humangenetik wurden wieder interessant. Aus dem veränderten Phänotyp, der Abweichung in einem Merkmal, konnte man oft die Wirkung eines Gens feststellen. Starke Abweichungen bei einem Mensch von der Norm können zu Benachteiligung oder gar Erkrankung führen.

Durch die Entwicklung der modernen Medizin ist man jetzt in der Lage, die Ursache der Krankheiten von klinischen Merkmalen über sekundäre biochemische Mechanismen bis hin zum Gen zu erforschen. Heute ist dieser Weg sogar in umgekehrter Richtung – vom Gen zum Merkmal *(reverse genetics)* – möglich.

Aufgrund der verbesserten Diagnostik und therapeutischen Möglichkeiten sowie des Rückganges von Infektions- und Mangelerkrankungen sind die genetisch bedingten Krankheiten in der ärztlichen Praxis und in der Klinik häufig geworden. Etwa 3 % aller lebend geborenen Kinder leiden an einer genetischen Erkrankung.

Neugeborene
Chromosomenkrankheiten 0,5–0,7 %
Monogene Erbleiden 1–2 %
Klinisch relevante Fehlbildungen 2–3 %
Patienten
In der ärztlichen Praxis 8 %
Im Krankenhaus 25 %
Todesfälle im Kindesalter 30–40 %

In den Industrieländern leiden etwa 30 % der Patienten einer Kinderklinik an genetisch bedingten Krankheiten, deren Spektrum von bekannten Leiden wie der *zystischen Fibrose (Mukoviszidose)* oder *Muskeldystrophie (Muskelschwund)* bis zu ausgefallenen Krankheiten wie *Neurofibromatose* und *tuberöse Hirnsklerose* reicht. Die Liste der gängigen Krankheiten im Erwachsenenalter, bei deren Entstehung genetische Komponenten mit eine Rolle spielen, wird von Tag zu Tag länger. Sie umfaßt *Diabetes, Psychosen,* die *Alzheimer-Krankheit, Arteriosklerose* usw. Liegt eine genetische Störung vor, so ist das Schicksal des Kindes schon zum Zeitpunkt der Empfängnis festgelegt.

Genetisch bedingte Krankheiten beim Menschen

Durch spontane Genmutationen können genetisch bedingte Krankheiten entstehen. Allerdings wird durch eine Mutation nicht immer eine Krankheit verursacht, es existieren im menschlichen Genom eine Reihe von Mutationen, die klinisch nicht relevant sind.

Die genetisch bedingten Krankheiten des Menschen lassen sich in verschiedene Gruppen unterteilen. Es kann sich dabei um eine *monogene Erkrankung* handeln, die nach Mendelschen Regeln vererbt wird. Es kann aber auch eine Krankheit ohne einfachen Mendelschen Erbgang, jedoch mit genetischem Einfluß vorliegen. Hier spricht man von einer *multifaktoriellen Erkrankung*. Es gibt aber auch Krankheiten, die mit einer lichtmikroskopisch sichtbaren *strukturellen* bzw. *numerischen Chromosomenveränderung* assoziiert sind. Seit neuestem kennt man auch eine neue Krankheitsgruppe, die aufgrund der genetischen Störung von *Mitochondrien* verursacht werden. Welche verschiedenen Vererbungsgrundlagen dafür verantworlich sind, wissen wir. Aber wie äußern sich solche genetisch bedingten Krankheiten?

Monogene Erkrankungen

Diese Gruppe von Krankheiten basiert auf molekularen Veränderungen im Bereich von einzelnen Genen. Wenn ein krankmachendes Gen bzw. sein Genprodukt nur in einem Zelltyp aktiv ist, wird es zur Funktionsstörung bzw. Anomalie des betreffenden Organs kommen. Wenn aber ein Gen in verschiedenen Zelltypen exprimiert wird, kann sich eine Veränderung dieses Gens auf verschiedene Organe auswirken. Zum Beispiel kann die Mutation in einem Kollagen-Gen bei Patienten mit *Marfan-Syndrom* zu Störungen von Haut, Augen, Skelett und schließlich Herz und Gefäßen führen. Wenn die Mutation eines einzigen Gens Auswirkungen in verschiedenen Zelltypen hat und zu zahlreichen Veränderungen im Phänotyp führt, spricht man von einer *pleiotropen* Wirkung.

Die Auswirkungen eines defekten Gens im Phänotyp, was man auch als Krankheitssymptome bezeichnet, sind meist eine sekundäre Wirkung des Gens. Die Veränderung einer Anlage bewirkt mehrere Reaktionen. Häufig wird dabei ein Genprodukt in mehrere Stoffwechselvorgänge eingeschaltet. Auf verschiedenen Wegen entstehen die klinischen Merkmale einer Erkrankung, die durch eine ärztliche Untersuchung festgestellt werden können. Heute kennt man ca. 6000 verschiedene monogene Krankheiten bzw. Merkmale (Tabelle 5). Die monogenen Krankheiten werden nach einfachen Mendelschen Regeln vererbt. Es hängt davon ab, ob sie autosomal oder geschlechtsgebunden und ob sie dominant oder rezessiv vererbt werden.

Tabelle 5. Zahl der erblichen Merkmale oder Erkrankungen mit einfachem Erbgang (nach McKusick, 1992).

Erbgang	sicher	unsicher	Summe
autosomal-dominant	2470	1241	3711
autosomal-rezessiv	647	984	1631
X-chromosomal	190	178	368
Summe	3307	2403	5710

Autosomal-rezessive Erkrankungen

Ein Gen ist rezessiv, wenn es nur im homozygoten Zustand erkennbar wird und im heterozygoten Zustand verborgen bleibt. Patienten mit einer autosomal-rezessiven Erkrankung sind meist die einzigen in der Familie. Beide Eltern sind zwar Anlageträger für die krankmachende Anlage, aber sie bleiben gesund. Die krankmachende Anlage kann bei autosomal-rezessivem Erbgang unerkannt durch zahlreiche Generationen weitergegeben werden. Erst die Verbindung von zwei Personen, die zufällig für das gleiche Gen heterozygot sind, führt mit einer Wahrscheinlichkeit von 25 % zum Auftreten eines homozygot kranken Kindes und wird damit erkennbar (Abb. 42). Von insgesamt ca. 6000 monogenen Erkrankungen wird etwa 1631 autosomal-rezessiv vererbt. Einige Beispiele:

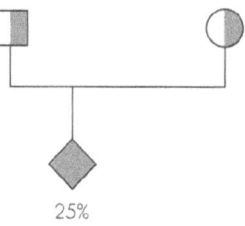

Abb. 42. Risiko für eine autosomal-rezessive Erkrankung, wenn beide Eltern obligatorisch heterozygot sind.

Adrenogenitales Syndrom (AGS)
Albinismus
Alpha1-Antitrypsinmangel
Alkaptonurie
Glykogenspeicherkrankheiten Typ I-VII
Galaktosämie
Homozystonurie
Mukopolysaccharidose Typ I, III-VIII
Mukoviszidose
Phenylketonurie
Niemann-Pick-Krankheit
Osteogenesis imperfecta Typ II und III
Tay-Sachs-Krankheit
Thalassämien
Spinale Muskelatrophie (Typ Werdnig-Hoffmann)

Beispiel

Die *Mukoviszidose* oder *zystische Fibrose (CF)* ist die häufigste autosomal-rezessiv erbliche Erkrankung in der Bevölkerung europäischer Herkunft. Die Häufigkeit der homozygot klinisch Kranken beträgt 1:2000, regionale Unterschiede sind bekannt. Die Heterozygotenhäufigkeit beträgt 1:20, was bedeutet, daß in der Bundesrepublik in etwa einer von 400 Partnerschaften beide Partner heterozygot für das CF-Gen sind.

Bei der Mukoviszidose liegt eine Störung in den exokrinen Drüsen vor. Exokrine Drüsen sind die Drüsen, die ihre Sekrete nach außen (Haut, Schleimhaut) absondern. Die grundlegende Störung besteht in der Chloriddurchlässigkeit der Zellmembran betroffener Organe. Von besonderer Bedeutung sind dabei Defekte an den Zellmembranen der Luftwege, Schweißdrüsen und des Pankreas. Das klinische Erscheinungsbild zeigt Störungen im Verdauungstrakt oder der Atmungsorgane. Charakteristisch sind Mekoniumileus (Darmverschluß mit zähklebrigem Pech) im Neugeborenenalter, Pankreasinsuffizienz (Bauchspeicheldrüsenschwäche) mit Gedeihstörungen und Verschleimung der Lunge aufgrund des zähflüssigen Bronchialsekrets, auf dessen Boden sich eine schwere Lungenentzündung und Bronchiektasen entwickeln. Die männlichen Patienten mit Mukoviszidose sind unfruchtbar. Die klinischen Merkmale können sehr unterschiedlich ausgeprägt sein. Die Prognose für den einzelnen Erkrankten ist trotz Fortschritte in der symptomatischen Therapie immer noch als ungünstig anzusehen. Früher starben die meisten CF-Patienten innerhalb des ersten Lebensjahres, heute erreichen etwa 50 % das mittlere Erwachsenenalter.

1985 konnte das Gen für CF durch Kopplungsanalyse mit DNA-Markern auf dem langen Arm des Chromosoms Nr. 7 lokalisiert werden. Diese Entdeckung eröffnete die Ära der indirekten DNA-Diagnostik bei CF-Patienten einschließlich der Heterozygoten und Pränataldiagnostik in Familien mit mindestens einem betroffenen Kind.

Bei der indirekten DNA-Analyse wird nicht die krankheitsverursachende Mutation untersucht, sondern eine bestimmte Basensequenz, die mit dem defekten Gen gekoppelt weitervererbt wird. Die Diagnose basiert auf einer Segregationsanalyse und ist deshalb an eine komplette Familienuntersuchung gebunden.

Der eigentliche Durchbruch in der molekulargenetischen Analyse des CF-Gens gelang 1989. Kanadischen und nordamerikanischen Wissenschaftlern war es gelungen, das CF-Gen zu isolieren und zu sequenzieren. Die gesamte Basensequenz des CF-Gens hat eine Länge von ca. 250 000 Basenpaaren. Die kodierende Sequenz ist inzwischen vollständig bekannt. Sie ist etwa 6500 Basenpaare lang und in 27 Exons aufgeteilt. Die häufigste Mutation im CF-Gen ist die sog. *Delta F 508-Mutation*.

Es ist eine Version von 3 Basenpaaren in der Sequenz des Exons 10. Sie betrifft die Abfolge CTT von Position 1653 bis 1655. Dies hat zur Folge, daß die Kodierung der Aminosäure Phenylalanin in der Position 508 der Aminosäurekette ausfällt. Das Genprodukt ist ein Membranprotein, das am Transport von Chloridionen durch die Membran beteiligt ist und als cystic fibrosis transmembran conductance regulator (CFTR) bezeichnet wird.

Die Frequenz der Delta F 508-Mutation wurde weltweit in vielen Populationen untersucht. Es wurde festgestellt, daß nicht alle CF-Patienten aufgrund der Delta F 508-Mutation erkrankt sind. Inzwischen sind über 300 weitere unterschiedliche Mutationen im CF-Gen entdeckt worden, die jedoch mit wenigen Ausnahmen sehr selten sind. Etwa 60 % der deutschen Patienten mit CF sind homozygot für die Delta F 508-Mutation. Etwa 35 % sind heterozygot für die Delta F 508 und eine andere Mutation; sie sind also *compound heterozygot*. Das bedeutet, daß die Kombination zweier unterschiedlicher Mutationen im gleichen Gen klinisch zur CF führt. Bei 5 % kann keine Delta F 508-Mutation nachgewiesen werden. Diese Fälle sind homozygot oder compound heterozygot für eine andere Mutation.

Aufgrund dieser Erkenntnisse über die Molekularbiologie der CF ist es nun möglich, einen zuverlässigen Heterozygotennachweis und die Pränataldiagnostik in den betroffenen Familien durchzuführen. Es kann jetzt ein eventuelles Screening entwickelt werden, sofern ein höherer Prozentsatz aller CF-Mutationen erfaßt werden kann. Darüber hinaus besteht jetzt die Hoffnung auf die Entwicklung einer verbesserten Therapiemöglichkeit durch somatische Gentherapie. Zur Zeit laufen darüber in den USA und in Europa klinische Studien (s. Kap. 12).

Autosomal-dominante Erkrankungen

Die klinischen Merkmale einer autosomal-dominanten Erkrankung werden dann manifest, wenn in einer der doppelt vorhandenen Erbanlagen eine Mutation vorhanden ist. Die krankmachende Anlage wird auf die Hälfte der Kinder, unabhängig vom Geschlecht, übertragen (Abb. 43). Gelegentlich kann die Manifestation bei einem Anlageträger ausbleiben. Dann spricht man von unvollständiger *Penetranz* (Abb. 44). Auch die Ausprägung kann sogar innerhalb einer Familie sehr unterschiedlich sein. Man nennt dies eine variable *Expressivität* eines Gens. Einige Beispiele für autosomal- dominante Krankheiten:

- Achondroplasie
- Amyloidose
- Chorea Huntington
- Marfan-Syndrom
- Myotone Dystrophie
- Neurofibromatose
- Osteogenesis imperfecta Typ I + IV
- Polyzystische Nierenkerkrankung
- Hypercholesterinämie
- Polyposis coli
- Tuberöse Hirnsklerose

Einige autosomal-dominante Erkrankungen, wie z. B. *Chorea Huntington, myotone Dystrophie, polyzystische Nierenerkrankung* und *Polyposis coli* werden erst im Erwachsenenalter manifest. Heute ist es möglich, einen Teil der spät manifest werdenden Krankheiten bereits in der präklinischen Phase durch eine DNA-Analyse festzustellen.

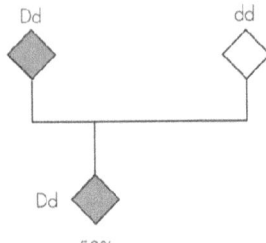

Abb. 43. Risiko für eine autosomal-dominante Erkrankung, wenn ein Elternteil heterozygot krank ist.

Beispiel

Chorea Huntington ist eine degenerative Erkrankung des zentralen Nervensystems, die vorwiegend die Basalganglien betrifft. Charakteristisch ist das Auftreten von unwillkürlichen Bewegungsabläufen, von psychischen Veränderungen und von allmählichem Verlust der Wahrnehmungsfähigkeit bis zur Demenz. Die Krankheit führt innerhalb von 15 bis 20 Jahren zum Tode.

Diese autosomal-dominante Erkrankung zeigt vollständige Penetranz. Sie gehört zu den spät manifestierenden Krankheiten. Neumutationen sind sehr selten. Das Manifestationsalter liegt in der Regel zwischen dem 35. und 40. Lebensjahr, weist aber eine große Variationsbreite auf. Es hat sich gezeigt, daß Patienten mit früherem Manifestationsalter das Gen für die Chorea Huntington meist von ihren Vätern erhalten. Dieses Phänomen wird als *Antizipation* bezeichnet. Wahrscheinlich ist es aufgrund der unterschiedlichen Methylierung der DNA in der Gametogenese bedingt.

Diese unterschiedliche Prägung der Gene in Abhängigkeit vom Geschlecht der übertragenden Eltern wird als *Genomic Imprinting* bezeichnet. Inzwischen ist bei einigen genetisch bedingten Krankheiten der Einfluß des Geschlechts des übertragenden Elternteils bekannt.

1983 konnte das Gen für Chorea Huntington auf dem kurzen Arm des Chromosoms Nr. 4 lokalisiert wer-

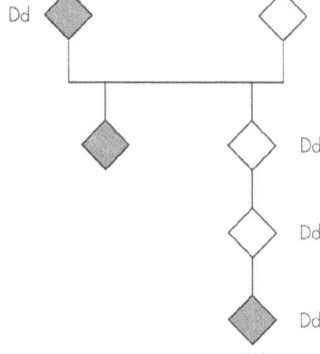

Abb. 44. Verminderte Penetranz bei autosomal-dominanter Erkrankung, Übertragung durch einen klinisch gesunden Anlageträger.

den. Damit war es möglich, durch Anwendung von indirekter DNA-Diagnostik die Anlageträgerschaft für Risikopersonen innerhalb einer betroffenen Familie abzuklären.

Erst nach 10jähriger Forschungsarbeit konnte das Chorea Huntington-Gen isoliert und analysiert werden. Heute wissen wir, daß dieses Gen bei Patienten ein verlängertes Trinukleotidrepeat (CAG = Cytosin-Adenin-Guanin-Sequenz) enthält. Das Gen hat eine Länge von 210 Kilobasen und enthält normalerweise 10 bis 35 CAG-Repeats. Bei Chorea Huntington-Betroffenen sind es etwa zwischen 40 und 100 CAG-Repeats. Das Chorea Huntington-Gen kann jetzt in der präsymptomatischen Phase auch in Einzelfällen direkt nachgewiesen werden, eine Familienuntersuchung ist nicht mehr erforderlich.

Expandierte Trinukleotidrepeats sind auch bei einigen anderen Erbkrankheiten entdeckt worden. Für die pathogenetische Funktion der Expansion wiederholter Trinukleotide gibt es bisher keine überzeugende Erklärung. Hier sind weitere Forschungsarbeiten erforderlich.

X-chromosomale (geschlechtsgebundene) Erkrankungen

Eine geschlechtsgebundene bzw. eine X-chromosomale Erkrankung liegt dann vor, wenn das krankmachende Gen auf dem X-Chromosom liegt. Etwa 200 X-chromosomale Erkrankungen oder Merkmale sind beim Menschen bekannt. Zum größten Teil werden sie X-chromosomal-rezessiv vererbt. Bis auf Unfruchtbarkeit bei Männern sind keine Y-chromosomalen Erkrankungen beim Menschen bekannt.

An X-chromosomal-rezessiven Erkrankungen leiden in der Regel nur Männer, da sie nur ein X-Chromosom besitzen: Wenn auf diesem einen X-Chromosom eine krankmachende Anlage lokalisiert ist, wird sie klinisch manifest. Frauen besitzen zwei X-Chromosomen, es genügt dann das gesunde Gen auf dem zweiten X-Chromosom, um den Krankheitsausbruch zu verhindern. Sie sind Anlageträgerinnen und geben das Merkmal an ihre Nachkommen weiter. Das Erkrankungsrisiko für die männlichen Nachkommen beträgt 50 %; die Hälfte der Töchter werden wieder Anlageträgerinnen, bleiben aber selbst gesund (Abb. 45). In Ausnahmefällen können auch heterozygote Frauen an einer X-chromosomalen Erkrankung leiden.

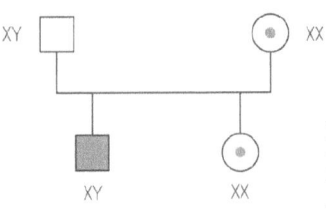

Abb. 45. Risiko für einen erkrankten Sohn und eine heterozygote Tochter, wenn die Mutter obligatorisch Anlageträgerin ist.

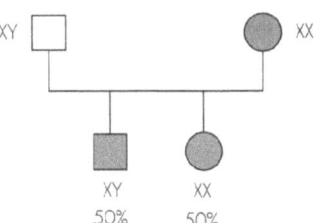

Abb. 46. Risiko für einen erkrankten Sohn oder eine erkrankte Tochter, wenn die Mutter heterozygot krank ist.

X-chromosomal-dominante Erkrankungen (Abb. 46) sind im Vergleich zu X-chromosomal-rezessiven relativ selten. Einige Beispiele für X-chromosomal-rezessive Erkrankungen:

Agammaglobulinämie
Okkulärer Albinismus
Granulomatose
Muskeldystrophie Typ Duchenne
Muskeldystrophie Typ Becker
Mukopolysaccharidose Typ II
Hämophilie A + B
Farbenblindheit
Lesch-Nyhan-Syndrom
Martin-Bell-Syndrom

Einige Krankheiten mit X-chromosomal-dominanter Vererbung:

Vitamin-D-resistente Rachitis
Orofaziodigitalsyndrom (letal für männliche Hemizygote)
Incontinentia pigmenti (letal für männliche Hemizygote)
Fokale dermale Hypoplasie (letal für männliche Hemizygote)
Aicardi-Syndrom (letal für männliche Hemizygote)

Beispiel

An *Muskeldystrophie Typ Duchenne* erkranken ausschließlich Knaben. Die Häufigkeit beträgt 1:3000 bei männlichen Neugeborenen. Die Kinder entwickeln sich zunächst unauffällig. Im Alter von ca. 2 Jahren fällt auf, daß der Knabe ungeschickt läuft und erhebliche Schwierigkeiten beim Treppensteigen und beim Aufstehen hat. Das Krankheitsbild schreitet fort, die Muskelschwäche setzt sich dann auch auf den Rumpf fort, wodurch es zu einer ausgeprägten Krümmung der Wirbelsäule kommt. Im Alter von ca. 10 Jahren werden die Kinder gehunfähig und müssen im Rollstuhl bewegt werden. Aufgrund der muskulären Atemfunktionsschwäche und pulmonaler Infekte sterben die Kinder meist vor dem 20. Lebensjahr. Ein ähnliches Krankheitsbild, das später manifest wird und bis zum Erwachsenenalter langsam fortschreitet, wird als *Muskeldystrophie Typ Becker* bezeichnet.

Das Gen für die Duchenne-Muskeldystrophie liegt auf dem kurzen Arm des Chromosoms X. Es hat eine Größe von 2000 Kilobasen, das Gen ist jetzt komplett sequenziert. Inzwischen ist auch das muskelspezifische kodierte Protein identifiziert. Es wird als *Dystrophin* bezeichnet. Den Patienten mit Duchenne-Muskeldystrophie fehlt das Dystrophin vollständig, während es beim Typ Becker vermindert bzw. anormal produziert wird. Die Neumutationsrate ist bei dieser Erkrankung relativ hoch. Es sind inzwischen verschiedene Mutationen bekannt, zum größten Teil wird die Duchenne-Muskeldystrophie durch eine Deletion verursacht. Ein Heterozygotentest bei Verdacht auf Anlageträgerschaft für Muskeldystrophie Typ Duchenne und Typ Becker sowie eine vorgeburtliche Diagnostik ist heute mit Hilfe der DNA-Analyse möglich.

 Es gibt einige biologische Ausnahmesituationen, die unter den monogenen Erkrankungen von Bedeutung sind und die vor allem bei einer genetischen Familienberatung berücksichtigt werden müssen.

Neumutationen

Wenn eine genetisch bedingte Krankheit nur ein einziges Mal in einer Familie auftritt und trotz sorgfältiger Nachforschung bei den Verwandten und Untersuchung der Eltern und Geschwister kein weiterer Fall – auch nicht in abgeschwächter Form – aufzufinden ist, dann handelt es sich um eine Neumutation. Eine Neumutation ist ein einziges und zufälliges Ereignis, wobei die betreffende Erbanlage in der Keimzelle eines Elternteils von der normalen zur abweichenden Form verändert wird. Wenn das veränderte Gen dominant ist, wird die Veränderung klinisch manifest und kann auf die folgenden Generationen des Betroffenen weitervererbt werden (Abb. 47).

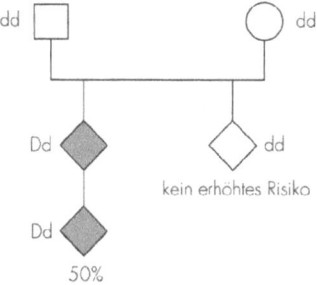

Abb. 47. Autosomal-dominante Erkrankung. Das Wiederholungsrisiko bei Neumutation.

Phänokopien

Phänotypisch ähnliche Anomalien oder Krankheiten können sowohl genetisch bedingt sein als auch durch exogene Faktoren verursacht werden. Im letzteren Fall spricht man von einer Phänokopie. Phänokopien betreffen meist nur einzelne Symptome. Es gibt auch Ausnahmen.

Beispiel
Thalidomidembryopathie ist als Phänokopie in vielen Symptomen dem autosomal-dominanten *Holt-Oram-Syndrom* mit Extremitätenfehlbildung, Herzfehler, Nierenanomalien und Anotie sehr ähnlich.

Somatische Mutationen

Wenn Mutationen nicht die Erbanlage in den Geschlechtsdrüsen, sondern Zellen außerhalb der Keimbahn betreffen, dann handelt es sich um eine somatische Mutation. Die meisten Tumoren oder lokale Gewebsveränderungen entstehen durch somatische Mutationen während der frühen Embryonalentwicklung.

Beispiel
Das *Retinoblastom* ist ein von der Retina ausgehender bösartiger Augentumor im Säuglings- und Kindesalter. Die Häufigkeit beträgt 1 zu 20000. Der Tumor kann von einer oder mehreren Stellen der Retina ausgehen. Bei ca. 25 % sind – gleichzeitig oder nacheinander – beide Augen befallen; bei ca. 75 % ist der Tumor einseitig. Es gibt genentisch und nicht genetisch bedingte Formen. Die erbliche Form wird autosomal-dominant mit etwa 90 %iger Penetranz vererbt, d. h., daß bei etwa 10 % der Träger einer Retinablastom-Mutation kein Tumor ent-

steht. Bei ca 60 % entsteht der Tumor durch eine somatische Mutation und wird nicht weitervererbt. Bei 30 % wird das Retinablastom durch eine Neumutation in der Keimzelle verursacht. Nur bei 10 % der Fälle wird die krankmachende Anlage von einem Elternteil auf die Nachkommen übertragen. Bei sporadischen Fällen kann klinisch nicht unterschieden werden, ob es sich um dominante Neumutationen oder um eine nicht erblich bedingte Phänokopie handelt. Das Retinoblastom-Gen liegt auf dem langen Arm des Chromosoms Nr. 13. Das Gen ist vollständig entschlüsselt. Der Anlageträger kann durch eine molekulargenetische Analyse vor Ausbruch der Erkrankung identifiziert werden. Diese Untersuchung ist auch pränatal möglich.

Keimzellmosaik

Eine Mutation der Erbanlage kann auch im frühen Stadium der Geschlechtsdrüsenentwicklung stattfinden. Dann sind neben den normalen Zellinien der Gonaden auch Zellen mit veränderten Geschlechtsdrüsen vorhanden. Hier wird von einem Keimzellmosaik gesprochen.

Genomische (elterliche) Prägung

Als Gregor Mendel seine Vererbungsversuche anstellte und dabei eine Gesetzmäßigkeit beobachtete, spielte es keine Rolle, welcher der Elternteile – Vater oder Mutter – reinerbig runde oder reinerbig runzlige Saaterbsen waren. Inzwischen sind die Humangenetiker auf ein Phänomen aufmerksam geworden, das nicht den Mendelschen Regeln folgt. Bei manchen Erbleiden scheint es doch eine Rolle zu spielen, von welchem Elternteil ein

Gen stammt. Das heißt, daß die Manifestation eines Merkmals vom Geschlecht des übertragenden Elternteils abhängig ist. Dieses Phänomen wird *elterliche Prägung* oder in Englisch *genomic imprinting* genannt. Genomische Prägung steht nicht im Zusammenhang mit der X-chromosomalen und/oder mitochondrialen Vererbung. Die Merkmale werden unabhängig vom geschlechtschromosomalen und mitochondrialen Vererbungsmodus vererbt. Die betroffenen Gene können sowohl auf Autosomen als auch auf Geschlechtschromosomen lokalisiert sein. Durch verschiedene Beobachtungen im Laufe der Zeit konnte die Existenz einer elterlichen Prägung der Erbanlagen nach und nach belegt werden:

- Beobachtung der Merkmale von *Triploidien* (Verdreifachung der Chromosomen) beim Menschen. Eine Triploidie kommt zustande, wenn ein Elternteil in der Keimzelle das Doppelte des Chromosomenbeitrages in den Embryo einbringt. Wenn väterliche Chromosomen verdoppelt und die mütterlichen einfach vorhanden sind, entwickelt sich die Plazenta groß, der Embryo ist aber klein und unterentwickelt. Genau das Gegenteil ist der Fall, wenn es mit einem väterlichen und zwei mütterlichen Chromosomensätzen zur Befruchtung kommt. Dann ist die Plazenta klein, der Embryo zeigt nur eine relativ untergeordnete Wachstumsverzögerung. Man nimmt an, daß wahrscheinlich die Chromosomen je nach mütterlicher oder väterlicher Herkunft unterschiedlich modifiziert oder geprägt werden.
- Ein ähnliches Phänomen zeigten die Ergebnisse bei den Versuchen der Transplantation von fremden Zellkernen in gezüchtete Eizellen der Maus, die entweder nur mit väterlichen oder nur mit mütterlichen Chromosomen ausgestattet waren.

▧ Auswirkung von bestimmten Chromosomenstörungen beim Menschen in Abhängigkeit von der elterlichen Herkunft des Chromosoms.

Das *Prader-Willi-Syndrom* ist ein Krankheitsbild mit Fettleibigkeit, geistiger Behinderung, Muskelschwäche, unterentwickelten Keimdrüsen, relativ kleinen Händen und Füßen und Minderwuchs. Bei ca. 70 % der Patienten wird eine Deletion am langen Arm des Chromosoms Nr. 15 im Band q11-13 beobachtet. Die gleiche Deletion findet man bei Patienten mit *Angelman-Syndrom*. Diese Patienten sind durch unmotivierte Lachanfälle, ruckartig puppenhafte Bewegungen, geistige Behinderung und Minderwuchs gekennzeichnet.

Mit Hilfe molekulargenetischer Untersuchungen wurde festgestellt, daß die Deletion beim Prader-Willi-Syndrom stets väterlicher Herkunft ist, während beim Angelman-Syndrom das mütterliche Chromosom betroffen ist. Bei den übrigen 30 % der Patienten mit normalem Chromosom Nr. 15 liegt häufig eine*uniparentale Disomie* vor. Das heißt, daß beim Prader-Willi-Syndrom beide Chromosomen Nr. 15 von der Mutter stammen. Dabei gibt es zwei Möglichkeiten: Entweder sind die beiden homologen Chromosomen der Mutter *(Heterodisomie)* vorhanden oder es liegt eine Verdoppelung eines der Chromosomen Nr. 15 *(Isodisomie)* vor. Beim Angelman-Syndrom kommen beide Chromosomen Nr. 15 vom Vater.

Aus DNA-Untersuchungsergebnissen ist zu schließen, daß das gleiche Gen je nach elterlicher Herkunft unterschiedliche phänotypische Merkmale verursacht. Die unterschiedliche Aktivität des mütterlichen und des väterlichen Allels eines Gens stellt eine Besonderheit dar, die als Imprinting bezeichnet wird. Inzwischen ist eine Abhängigkeit der Krankheitsmanifestation (Manifestationsalter, Schwere der Erkrankung) entsprechend der elterlichen Herkunft bei einer Reihe von monogenen Erkrankungen beobachtet worden, wie z. B. bei der Chorea Huntington, der myotonen Dystrophie oder beim fragilen X-Syndrom.

Multifaktorielle Erkrankungen

Eine große Anzahl genetisch bedingter Krankheiten folgt jedoch nicht den einfachen Mendelschen Regeln. Sie werden durch das Zusammenspiel vieler Gene verursacht. Man nimmt an, daß der Beitrag der einzelnen Gene, die daran beteiligt sind, wenig spezifisch ist. Da sich die Wirkung mehrerer Gene addiert, spricht man von *additiver Polygenie*. Die Manifestation polygener Krankheiten hängt allerdings nicht nur und ausschließlich von einem genetischen Hintergrund ab, sondern von einer Gen-Umwelt-Interaktion. Krankheiten, die durch ein Zusammenwirken von mehreren Genen (polygen) und Umweltfaktoren bestimmt sind, werden als multifaktoriell bezeichnet. Diese Krankheiten sind wesentlich häufiger als die monogenen Krankheiten.

Multifaktoriell werden verschiedene Fehlbildungen, wie z. B. *Lippen-Kiefer-Gaumen-Spalte, Spina bifida* (offener Rücken), *Hüftluxation* und *Pylorusstenose* sowie Stoffwechselkrankheiten wie *Diabetes mellitus, Epilepsie* und *Psychosen* vererbt (Tabelle 6).

Eine multifaktorielle Erkrankung kommt nach Überschreiten einer bestimmten Grenze der genetischen Prädisposition voll zur Ausprägung. Eine solche Toleranzgrenze ist vor allem für das Auftreten bestimmter Fehlbildungen beobachtet worden. Hier spricht man von einem *Schwellenwert*. Die genetische Disposition zeigt eine quantitative kontinuierliche Abstufung.

Tabelle 6. Einige Beispiele für multifaktorielle Erkrankungen und Fehlbildungen

Kongenitale Fehlbildungen oder Deformitäten	Häufige Erkrankungen
Lippen-Kiefer-Gaumen-Spalte	Diabetes mellitus
angeborene Herzfehler	Schizophrenie
Pylorusstenose	Affektpsychose
kongenitale Hüftluxation	peptisches Ulkus
Klumpfuß	Hypertonie
Spina bifida	Epilepsie
Anenzephalus	Morbus Bechterew
Omphalozele	rheumatoide Arthritis
Holoprosenzephalie	Morbus Crohn
Intestinale Atresien	Colitis ulcerosa

Beispiel

Die angeborene *hypertrophische Pylorusstenose* beruht auf einer Vergrößerung des Magenpförtnermuskels. Der Muskel öffnet sich nicht ausreichend, so daß der Mageninhalt nicht in das Duodenum (Zwölffingerdarm) eintreten kann, er wird schwallartig erbrochen. Die Ausprägung dieses Muskels ist genetisch determiniert und zeigt offenbar in der Bevölkerung quantitative Unterschiede. Daran sind zahlreiche Gene beteiligt. Jungen sind stärker und häufiger von Pylorushypertrophie betroffen als Mädchen. Die Angehörigen betroffener Mädchen erkranken weit häufiger an Pylorusstenose als die entsprechenden Angehörigen betroffener Knaben. Dies ist weder mit exogenen Faktoren, noch mit einem monogenen Erbgang zu erklären. Die Verteilung läßt sich aber gut mit einer quantitativen Verteilung der erblichen Disposition, also mit einer Vielzahl beteiligter Gene, erklären und wird als *Carter-Effekt* bezeichnet.

Erkrankungen durch Chromosomenanomalien

Bei dieser Gruppe von Erkrankungen handelt es sich um Krankheiten mit multiplen Fehlbildungen, die durch numerische oder strukturelle, nicht balancierte Chromosomenstörungen verursacht werden. Chromosomenstörungen sind beim Menschen keine Seltenheit. Der größte Teil der angelegten Früchte stirbt vor der Geburt, meist aufgrund von Chromosomenanomalien. Die Chromosomenstörungen führen häufig zum Fruchttod in den frühen Schwangerschaftswochen. 50–60 % aller Spontanaborte werden durch Chromosomenanomalien verursacht. Etwa 0,5 % aller Neugeborenen erkranken aufgrund einer Chromosomenanomalie. Entweder liegt eine numerische Störung vor, d. h. die Zahl der Chromosomen weicht vom normalen diploiden Chromosomensatz ab, oder eine strukturelle Störung, d. h. einzelne Chromosomen zeigen morphologische Abweichungen.

Numerische Chromosomenstörungen

Wie entsteht eine numerische Chromosomenstörung? In der Reifeteilung der Geschlechtszellen trennen sich die homologen Chromosomen. Die Gameten werden haploid und enthalten 23 Chromosomen. Bleiben zwei homologe Chromosomen – z. B. zwei Chromosomen Nr. 21 – zusammen und gelangen in eine Keimzelle, so entstehen aneuploide Keimzellen mit 24 bzw. nur 22 Chromosomen. Diesen Mechanismus nennt man *Non disjunction*. Nach der Befruchtung einer aneuploiden Keimzelle mit einer normalen Keimzelle entsteht entweder eine Zygote mit einer Trisomie oder einer Monosomie. Nondisjunction-Prozesse können sowohl in der Meiose als auch in der Mitose auftreten (Abb. 48a–d).

Beispiel

Das *Down-Syndrom* bzw. die Trisomie 21 ist die häufigste Chromosomenstörung beim Menschen überhaupt. Die Häufigkeit beträgt ca. 1 auf 700 Neugeborene. Hier ist Chromosom Nr. 21 dreifach anstatt zweifach vorhanden, daher auch der Name Trisomie 21. Etwa 95 % der Patienten zeigen eine durchgehende freie Trisomie 21. Daneben gibt es auch Translokationstrisomien. Als Translokation bezeichnet man den Austausch von Chromosomenstücken. Eine zentromere bzw. zentromernahe Verschmelzung zweier akrozentrischer Chromosomen bezeichnet man als Robertson-Translokation. Eine reziproke Translokation ist ein Austausch von zwei Chromosomensegmenten. Das Down-Syndrom kann auch durch eine partielle Trisomie 21 hervorgerufen werden. Dies zeigt, daß nicht alle Gene, die auf Chromosom Nr. 21 lokalisiert sind, an der klinischen Manifestation des Down-Syndroms beteiligt sind. Eine genaue Genotyp-Phänotyp-Analyse von Patienten mit partieller Trisomie 21 hat gezeigt, daß die meisten klinischen Symptome durch Verdreifachung einer kleinen Region, nämlich der Bande 21q22.3 hervorgerufen werden.

Bei etwa 2 % aller Down-Syndrom-Patienten findet man einen *Mosaikbefund*, d. h., daß neben den Trisomen auch Zellen mit einem normalen Chromosomensatz vorhanden sind. Ein solches Mosaik entsteht entweder durch Verlust eines der Chromosome Nr. 21 in der 1. mitotischen Teilung oder durch mitotisches Non disjunction in der Regel nach der 1. Teilung einer normalen Zygote.

Das Risiko, ein Kind mit einer freien Trisomie 21 zu bekommen, steigt mit zunehmendem Alter der Mutter. Während das Risiko für ein lebend geborenes Kind mit

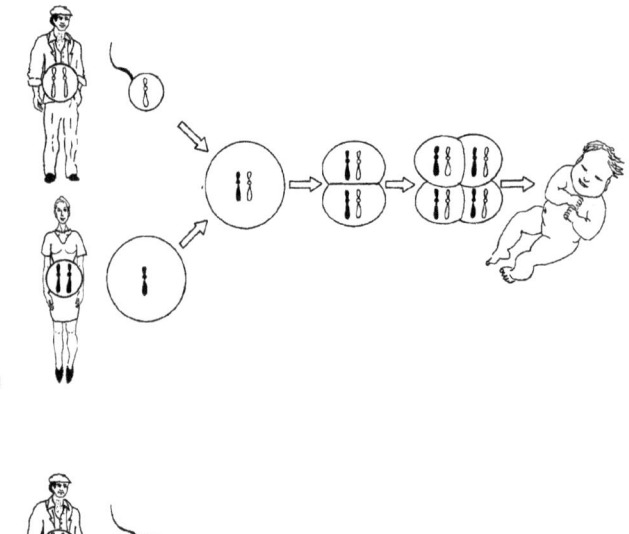

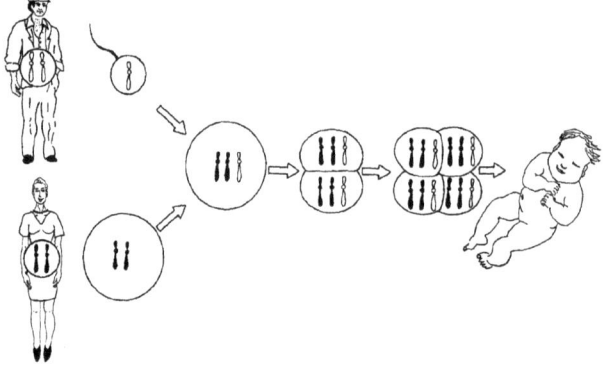

Abb. 48. a Befruchtung nach normaler Reifeteilung. **b** Entstehung einer Aneuploidie durch meiotisches Non disjunction, **c** einer Aneuploidie durch mitotisches Non disjunction, **d** einer Mosaiktrisomie durch mitotische Nondisjunction.

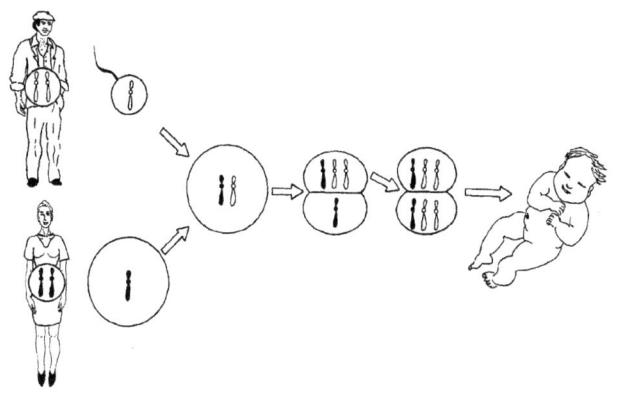

c

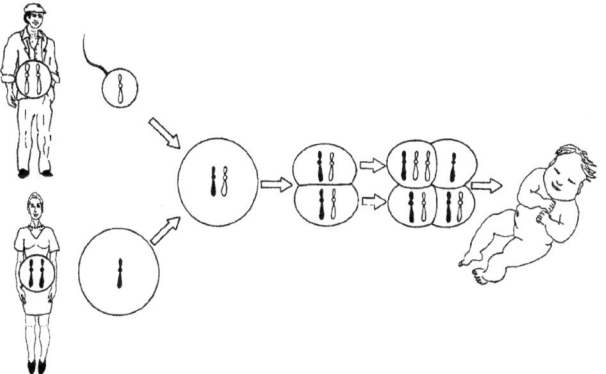

d

Tabelle 7. Altersspezifische Häufigkeit für Chromosomenstörungen (%) zum Zeitpunkt der Geburt

Mütterliches Alter	Trisomie 21	Gesamtabnormität
35	0,2	0,6
36	0,3	0,7
37	0,4	0,8
38	0,5	1,0
39	0,7	1,2
40	1,0	1,6
41	1,3	2,0
42	1,5	2,6
43	1,5	3,3
44	3,2	4,2
45	4,0	5,4
46	5,0	7,0

Down-Syndrom bei einer 35jährigen Frau etwa 0,25 % beträgt, ist das Risiko bei einer 44jährigen Frau mit 2,5 % um das Zehnfache erhöht (Tabelle 7). Die Chromosomenstörungen können heute durch Untersuchung der im Fruchtwasser und Chorionzotten enthaltenen fetalen Zellen vorgeburtlich diagnostiziert werden. Die häufigsten Chromosomenstörungen sind in den Tabellen 8 und 9 zusammengefaßt.

Strukturelle Chromosomenanomalien

Strukturelle Chromosomenanomalien entstehen durch Brüche an einem oder mehreren Chromosomen. In der Regel werden die Bruchereignisse durch einen *Repairmechanismus* ohne Verlust wieder zusammengefügt und repariert. Finden jedoch mehrere Bruchereignisse statt, kann der Repairmechanismus die einzelnen Bruchenden nicht mehr unterscheiden, und es kann zu Bruchstückver-

Tabelle 8. Einige autosomale Chromosomenstörungen.

Chromosomenanomalie	Bezeichnung	Häufigkeit	Merkmale
Chromosom 13 dreifach	Trisomie 13 (Pätau-Syndrom)	1 : 5000	Gesichtsauffälligkeit mit Augenanomalie, Kopfhautdefekt, Lippen-Kiefer-Gaumen-Spalte, überzählige Finger, Hirnfehlbildungen, Fehlbildung des Urogenitaltraktes, geistige Behinderung
Chromosom 18 dreifach	Trisomie 18 (Edward-Syndrom)	1 : 3000	intrauterine und postnatale Mangelentwicklung, schmaler, langer Schädel, deformierte Ohrmuscheln, übereinandergeschlagene und gebeugte Finger, Herzfehler, Schaukelfüsse, geistige Behinderung
Chromosom 21 dreifach	Trisomie 21 (Down-Syndrom)	1 : 700	Gesichtsauffälligkeit, schräge Augenlidspalte, kurzer Schädel, kleine Finger, Herzfehler, Zwölffingerdarmverschluß, geistige Behinderung

Tabelle 9. Einige gonosomale Chromosomenanomalien.

Chromosomensymbol	Bezeichnung	Häufigkeit	Merkmale
45,X	Turner-Syndrom	0,1–0,4 %	Minderwuchs (ca.148 cm), rudimentäre Gonaden, fehlende sekundäre Geschlechtsmerkmale, leicht verminderte Intelligenz, Prerygium colli
XXY	Klinefelter-Syndrom	1 %	Größer als der Durchschnitt, Aspermie, kleine Hoden, fehlende sekundäre Geschlechtsmerkmale, leicht verminderte Intelligenz
XXX	Triple-X-Syndrom	1 %	körperlich unauffällig, nicht obligat steril, verminderte Intelligenz
XYY		1 %	überdurchschnittliche Körpergröße (über 180 cm), selten psychisch disharmonische Persönlichkeitsentwicklung möglich

Tabelle 10. Einige strukturelle Chromosomenanomalien.

Chromosomen-symbol	Bezeichnung	Häufigkeit	Merkmale
4p-	Wolf-Hirschhorn-Syndrom	gering	Gesichtsauffälligkeit, zu kleiner Kopf, Augenfehlbildung, Hirnfehlbildung, geistige Behinderung
5p-	Katzenschrei-Syndrom	1 : 50 000	Katzenschrei, Gesichtsauffälligkeit, abnorme Ohrmuscheln, geistige Behinderung
18p-		gering	Gesichtsauffälligkeit, abnorme Ohrmuscheln, geistige Behinderung
18q-		gering	Gesichtsauffälligkeit, abnorme Ohrmuscheln, zu kleiner Kopf, Gehörgangsatresie, Gaumenspalte, Herzfehler, geistige Behinderung
Particlle Trisomie 22	Katzenaugen-Syndrom	gering	Gesichtsauffälligkeit mit Hautanhängsel, Augenfehlbildung, Analatresie, geistige Behinderung
12p-Tetranomie	Pallister-Killian-Syndrom	gering	Gesichtsauffälligkeit, Zahnanomalien, geistige Behinderung

lusten oder zu falschen Wiederverbindungen kommen. Die spontane Bruchrate kann durch Belastung mit ionisierenden Strahlen oder chemischen Mutagenen zunehmen.

Es gibt balancierte und unbalancierte strukturelle Chromosomenveränderungen. Die balancierten führen nicht zu einer Erkrankung und sind deshalb klinisch nicht relevant. Sie können aber in der darauffolgenden Generation zur Entstehung von unbalancierten Strukturveränderungen und dadurch zu Anomalien führen. Als erste strukturelle Chromosomenaberration beim Menschen wurde 1963 das *Katzenschrei-Syndrom* beschrieben, bei dem am kurzen Arm des Chromosoms Nr. 5 ein Stück fehlt (Tabelle 10).

Chromosomeninstabilität (Chromosomenbruchsyndrome)

Es sind inzwischen eine Reihe von Krankheiten bekannt, denen ein defekter DNA-Repair-Mechanismus zugrundeliegt. Aufgrund dieser Störung besteht eine erhöhte Chromosomenbrüchigkeit. Die wichtigsten Krankheiten mit Chromosomeninstabilität sind:

- Fanconi-Anämie mit Knochenmarkfunktionsstörung, Skelettanomalien insbesondere von Daumen und Radius, Herz- und Nierenfehlbildungen, Minderwuchs, Mikrozephalie und Café-au-lait-Flecken auf der Haut.
- Ataxia-Telegeniektasia (Louis-Bar-Syndrom) mit zerebraler Ataxie und Teleangiektasien (Erweiterung der kleineren Gefäße, insbesondere im Bereich der Konjuktiven).
- Bloom-Syndrom mit intrauterinem und postnatelem Minderwuchs, teleangiektatische Empfindlich-

keit der Haut gegenüber UV-Strahlung; es entstehen atrophisierende multiple Keratosen, woraus schließlich gut- und bösartige Hauttumoren entstehen können.

Die Chromosomenbrüchigkeitssyndrome werden autosomal-rezessiv vererbt.

Mikrodeletionssyndrome

Strukturelle Chromosomenveränderungen – wie Deletionen oder andere strukturelle Veränderungen – können so klein sein, daß sie mikroskopisch auch unter Anwendung von hoch auflösender Darstellung nicht immer erkannt werden.

Unter Anwendung von molekulargenetischen Methoden ist es möglich geworden, den Entstehungsmechanismus einiger monogener Krankheiten, die aufgrund einer molekularen Deletion entstehen werden, zu klären. Es handelt sich hierbei um Krankheiten, bei denen häufig deletionspezifische Chromosomensegmente beobachtet werden und deshalb mehr als ein Gen betroffen sein kann (Tabelle 11). Im Englischen werden diese Krankheiten als

Tabelle 11. Mikrodeletionssyndrome mit monogenem Erbgang.

Syndrom	Lokalisation
Angelman-Syndrom	15q11-12 (mat.)
Di-George-Syndrom	22q11
Greig-Zephalo-Polysyndaktylie	7p13
Langer-Giedion-Syndrom	8q24.1
Miller-Dieker Lissenzephalie	17p13.1
Prader-Willi-Syndrom	15q11-12 (pat.)
Wilms-Tumor	11p13
Retinoblastom	13q14

Contigeous Gene Syndromes oder *Segmental Aneusomy Syndromes* bezeichnet. Die einzelnen Merkmale eines Mikrodeletionssyndroms sind je nach Größe der Deletion unterschiedlich. Das eine oder andere Symptom kann bei bestimmten Patienten auch fehlen. Aus diesem Grund sind die klinischen Symptome sehr variabel. Patienten mit größeren Deletionen sind geistig behindert. Wenn der Verdacht auf ein Mikrodeletionssyndrom besteht, wird in der Regel eine hoch auflösende Chromosomenanalyse durchgeführt. Da aber nicht alle Deletionen mikroskopisch erkennbar sind, können sie nur durch molekulargenetische Untersuchung abgeklärt werden.

Mitochondriale Erkrankungen

Mitochondrien sind intrazelluläre Organellen mit eigenem genetischen System. Das Genom der menschlichen Mitochondrien enthält bereits zehn proteinkodierende Regionen. Diese Proteine sind wesentliche Komponenten der Atmungskette. Einige mitochondriale Proteine sind Aggregate von Genprodukten nukleärer und mitochrondrialer Gene. Diese Genprodukte werden nach nukleärer Transkription und zytoplasmatischer Translation in die Mitochondrien transportiert. Dort bilden sie funktionelle Proteine aus Untereinheiten mitochondrialer und nukleärer Genprodukte. Aus diesem Grund haben manche mitochondriale Erkrankungen ein Mendelsches Vererbungsmuster, obwohl die Mitochondrien ausschließlich von der Mutter vererbt werden.

Inzwischen sind eine Reihe von Erkrankungen beim Menschen bekannt, die durch Mutationen oder Deletionen in mitochondrialer DNA verursacht werden. Da die oxidative Phosphorylierung der Atmungskette die primäre Quelle für Energie in Muskel, Herz, Leber, Niere und

Gehirn ist, betreffen die mitochondrialen Erkrankungen vor allem diese Organe. Nach klinischen Gesichtspunkten werden die mitochondrialen Erkrankungen in *Myopathien* und *neurodegenerative* Gruppen eingeteilt.

Chronisch progrediente externe Ophthalmoplegie mit Muskelschwäche,
Infantile Myopathie allein mit schwerer Verlaufsform,
Generalisierte Myopathie mit Kardiomyopathie,
Infantile Laktatazidose mit Muskelhypotonie, Apathie und Ateminsuffizienz,
Kearns-Sayre-Syndrom (Ophthalmoplegie, Kardiomyopathie, Retinitis pigmentosa),
MERF-Syndrom (myoklone Epilepsie, ragged red fibrus),
MELAS-Syndrom (mytochondriale Enzephalopathie, Laktatazidose mit schlaganfallähnlichen Symptomen),
Morbus Leigh (Bewußtseinsstörung im Säuglingsalter mit charakteristischen neurologischen Symptomen),
Morbus Alpers (degenerative Hirnatrophie mit Krampfanfällen, myklonische Hyperkinese, Tremor, Erblindung, Demenz),
Pearson-Syndrom (Knochenmark und Pankreasversagen),
Lebersche-hereditäre Optikusneuropathie.

14 Nicht genetisch bedingte angeborene Erkrankungen

Schädigung durch Krankheiten der Mutter

Mütterliche Infektionen

Eine Infektion der Mutter während der Schwangerschaft kann zu Entwicklungsstörungen des Feten führen. Wichtig sind allerdings Art und Zeitpunkt der Erkrankung. Seit 1941 ist bekannt, daß eine Rötelninfektion in der frühen Schwangerschaft (während der Organentwicklungsphase) in einem hohen Prozentsatz zu einer schwerwiegenden Infektion des Embryos und dadurch zu Fehlbildungen führt, selbst dann, wenn die Infektion der Mutter nur leicht oder symptomlos bleibt. Typisch sind bei der *Rötelnembryopathie* Kombinationen von Herzfehlern, geistige Behinderung aufgrund einer Hirnschädigung, Innenohrschwerhörigkeit und Blindheit. Ein ausreichender Schutz gegen die Rötelninfektion kann vorhanden sein, wenn die Mutter vor der Schwangerschaft eine Rötelninfektion durchgemacht hat oder aktiv immunisiert wurde.

Auch andere Infektionskrankheiten (z. B. *Zytomegalie*, *Toxosplasmose*, *AIDS* und *Windpocken*) können zu schweren Erkrankungen des Feten führen.

Mütterlicher Diabetes mellitus

Das allgemeine Risiko für angeborene Fehlbildungen ist bei Kindern diabetischer Mütter zwei- bis dreimal größer als bei Kindern gesunder Mütter. Diese Fehlbildungen betreffen hauptsächlich Herz, zentrales Nervensystem, Urogenitaltrakt und das Skelettsystem. Darüber hinaus können Geburtstraumen, stark herabgesetzter Blutzuckerspiegel, verminderter Blutkalziumgehalt und Atemfunktionsschwäche während der Geburt häufiger auftreten. Da es sich um eine Risikoschwangerschaft handelt, sollte die Betreuung während der Schwangerschaft und der Geburt durch Spezialisten in einem gut ausgerüsteten Krankenhaus erfolgen.

Mütterliche Phenylketonurie

Phenylketonurie (PKU) ist eine autosomal-rezessive Erkrankung, wobei aufgrund des Phenylalaninhydroxylasemangels die Metabolisierung des Phenylalanins nicht oder mangelhaft stattfindet. Es kommt zu einem erhöhten Phenylalaninspiegel in den Körperflüssigkeiten, die im Gewebe, vor allem jedoch im zentralen Nervensystem akkumuliert werden. Dies führt zu einer schweren geistigen Behinderung mit epileptischen Anfällen. Aufgrund der Pigmentbildungsstörungen sind helle Haut- und Haarfarbe typische Merkmale. Dank der erfolgreichen Behandlung mit phenylalaninarmer Diät entwickeln sich die Kinder mit PKU völlig normal, wenn die Krankheit gleich nach der Geburt festgestellt und therapiert wird. Die Fortsetzung der Therapie im Erwachsenenalter ist in der Regel nicht mehr erforderlich.

Phenylalanin ist plazentadurchgängig, die erhöhten Werte können während einer Schwangerschaft zu schweren Schädigungen des Kindes führen. Diese Kinder zeigen einen intrauterinen Entwicklungsrückstand mit abnormer Kleinheit des Schädels (Mikrozephalie) und Fehlbildungen der verschiedenen Organe. Aus diesem Grund sollte bei Frauen, die an PKU erkrankt sind, eine strenge phenylalaninarme Diät bereits vor der Konzeption begonnen und während der Schwangerschaft streng durchgehalten werden. Nur so können Schädigungen des Kindes durch mütterliche Phenylketonurie vermieden werden.

Mütterliche Epilepsie

Frauen mit Anfallsleiden haben ein zwei- bis dreifach erhöhtes Risiko, ein Kind mit angeborenen Fehlbildungen zu bekommen. Es ist noch nicht eindeutig geklärt, ob bei der Entstehung der Fehlbildungen das Anfallsleiden selbst oder antiepileptische Mittel eine Rolle spielen. Bevor eine Frau mit Epilepsie schwanger wird, sollte sie mit dem behandelnden Arzt über die Behandlung sprechen. Einerseits muß darauf geachtet werden, daß sie während der Schwangerschaft anfallsfrei bleibt, andererseits müssen Menge und Art der Medikamente so gewählt werden, daß sie möglichst keine fruchtschädigenden Wirkungen haben.

Andere mütterliche Erkrankungen

Andere Krankheiten der Mutter, wie *Schilddrüsenerkrankungen, Bluthochdruck, Asthma bronchiale, Nierenleiden, Gerinnungsstörung* und einige andere *chronische Krankheiten*, die eine Dauertherapie erfordern, sind für das werdende Kind risikobehaftet. Deshalb sollte im Rahmen der Familienplanung ein Spezialist konsultiert werden.

Fruchtschädigung durch Medikamente, Giftstoffe und andere exogene Faktoren

Medikamente

Fast alle Arzneimittel haben neben der heilenden Eigenschaft auch Nebenwirkungen. Obwohl heute Arzneimittel auf fruchtschädigende Wirkung streng getestet werden, soll vor Einnahme eines jeden Medikaments, ganz gleich, ob vom Arzt verordnet oder selbst gekauft, an mögliche schädigende Auswirkungen auf den Feten gedacht werden. Leidet eine Schwangere an einer Erkrankung, aufgrund derer sie ein Medikament einnehmen muß, darf sie die Behandlung ohne Absprache mit dem Arzt nicht abbrechen, weil die Gesundheit eines Kindes von der Gesundheit der Mutter während der Schwangerschaft abhängig ist. Rauschgifte und Drogen dürfen während der Schwangerschaft nicht eingenommen werden.

Schmerzmittel

Schmerzmittel sind die am häufigsten während der Schwangerschaft eingenommenen Arzneimittel. Seit dem Auftreten der Thalidomidembryopathie ist man auf die *teratogene* Wirkung von Arzneimitteln besonders aufmerksam geworden. Thalidomid (Contergan) verursachte beim Menschen Fehlbildungen an Extremitäten, im Gesicht und an anderen Organen. In den letzten Jahren gab es einige Berichte über ungünstige Auswirkungen von anderen Schmerzmitteln auf den Embryo. Ob tatsächlich die Einnahme von Schmerzmitteln einen Anstieg der angeborenen Fehlbildungen verursacht, ist ungeklärt. Jedoch hat die Einnahme von Aspirin z. B.in der Spätschwangerschaft ungünstige Wirkungen auf Mutter und

Kind. Dadurch können verschiedene Arten von Blutungen verstärkt und häufiger auftreten.

Antibiotika
Eine spezifische Fehlbildung nach Einnahme von Antibiotika während der Schwangerschaft ist nicht bekannt. Tetrazykline können im zweiten und dritten Schwangerschaftstrimenon zu Störungen der Zahnentwicklung und einer bleibenden Verfärbung der Milchzähne führen. Auch Streptomycin und Kanamycin sowie Gentamycin sollte während der Schwangerschaft mit Vorsicht angewandt werden, da sie zu angeborener Schwerhörigkeit führen können.

Antikonvulsiva (Medikamente gegen Epilepsie)
Es gibt eine Reihe von Berichten über kleinere und größere Anomalien, die nach Anwendung von einzelnen oder kombinierten antiepileptischen Mitteln auftreten können. Schwangere Patientinnen, die gegen ein Anfallsleiden behandelt werden, haben ein 2- bis 3mal höheres Risiko für ein Kind mit angeborenen Fehlbildungen als eine nicht epileptische Mutter. Einige Berichte verweisen spezifisch auf bestimmte Medikamente. *Valpurinsäure* kann Neuralrohrdefekte (offener Rücken) verursachen. Vorgeburtlich kann durch Bestimmung des *Alpha-Fetoproteins* (kindliches Protein) im Fruchtwasser sowie durch Ultraschalluntersuchung ein offener Rücken erkannt werden.

Sexualhormone
Sexualhormone *(Gestagene und Östrogene)* können je nach Menge und Zeit zur Vermännlichung weiblicher Feten führen, wobei das weibliche Genitale dem eines männlichen Kindes ähneln wird. Die Knaben können mit vergrößertem Penis geboren werden. Es gibt auch

Berichte, nach denen Sexualhormone zu Herzfehlbildungen führen. Dies konnte trotz umfangreicher Studien jedoch nicht mit Sicherheit bestätigt werden.

Zytostatika (Antikrebsmittel)

Medikamente, die gegen Krebs angewandt werden, haben eine *mutagene* und *teratogene* Wirkung. Sie können zu frühen Fehlgeburten, intrauteriner Wachstumsstörung, angeborenen Fehlbildungen, Totgeburt und Tod in der Neugeborenenzeit führen. Es ist dringend ratsam, während der Behandlung eines Krebsleidens mit Zytostatika eine Schwangerschaft zu vermeiden. Allerdings wurden auch gesunde Kinder von Müttern geboren, die während einer zytostatischen Therapie schwanger wurden. Zwischen Therapiebeendigung und Familienplanung wird ein Intervall von 3 Monaten empfohlen. Dies gilt auch für männliche Patienten.

Warfarin (Blutgerinnungshemmer)

Warfarin ist ein Kumarinderivat, dessen Anwendung während der Schwangerschaft Fruchtschädigungen verursachen kann. Die typischen Merkmale eines warfaringeschädigten Kindes sind neben einer intrauterinen Wachstumsbehinderung mangelhafte Entwicklung des Nasenbeins, Knorpelanomalien, Linsentrübung, Optikusatrophie und kalkspritzerförmige Einlagerungen in zahlreichen Gelenken.

Retinoide (Vitamin-A-Derivate)

Retinoide sind synthetische Derivate der Vitamin A-Säure, z. B. Isotretinoin und Etretinat. Sie werden in der Therapie von Hauterkrankungen (z. B. Akne) und schweren Verhornungsstörungen verwendet. Inzwischen ist die teratogene Wirkung von Vitamin A nachgewiesen. Entweder führt sie zu Aborten oder die Kinder weisen verschiedene Fehlbildungen auf, wie z. B. Mikrozephalie, Gesichtsasymmetrie, Ohrfehlbildungen mit Gehörgangverschluß, Gaumenspalte mit oder ohne Gesichtsspalte und Herzfehler.

Alkohol

Die Alkoholschädigung der Kinder während der Schwangerschaft ist von großer Bedeutung. Die Häufigkeit wird auf etwa 1:600 Neugeborene geschätzt. Man weiß heute, daß Alkoholismus während der Schwangerschaft ein spezielles Krankheitsbild erzeugt, das sog. *fetale Alkoholsyndrom* bzw. die *Alkoholembryopathie*. Charakteristisch sind mangelhaftes intrauterines Wachstum, typische Veränderungen im Bereich des Gesichts, Herzfehler und schwere geistige Behinderung.

Drogen

Marihuana sowie *LSD* und *Heroin* verursachen zwar kein spezielles Fehlbildungssyndrom, jedoch zeigen die Kinder von Drogenabhängigen eine deutliche intrauterine Wachstumsbehinderung und Funktionsstörungen von einzelnen Organen, vor allem des zentralen Nervensystems. Unter Umständen kann die Infektionsabwehr der Kinder abgeschwächt sein. Da aber die meisten Drogen Verunreinigungen aufweisen, stellt sich die Frage, ob nicht diese unbekannten Substanzen für den Fetus schädlich sein können. Allein die Möglichkeit der Schädigung sollte ausreichen, um während der Schwangerschaft auf die Einnahme von Drogen zu verzichten.

Anders ist die Sachlage bei der Einnahme von *Kokain*. Hier liegen Berichte vor, daß Kokain zu Fehlbildungen des zentralen Nervensystems und des Herzens führt. Darüber hinaus sind die Kinder mangelhaft entwickelt und zeigen eine schwere geistige Behinderung.

Rauchen

Nikotin und andere Substanzen aus dem Rauch können im Fruchtwasser nachgewiesen werden. Im allgemeinen zeigen die Kinder von Raucherinnen keine Fehlbildungen, sind aber untergewichtig. Es ist von einer hohen Sterblichkeit bei Kindern von Raucherinnen, die täglich mehr als 20 Zigaretten rauchen, berichtet worden.

Ionisierende Strahlen

Hochdosierte ionisierende Strahlung ist für den Feten gefährlich und die teratogene Wirkung ist seit langem bekannt. Eine Exposition von mehr als 10–20 rad (rad ist eine physikalische Einheit für die vom Organ aufgenommene Strahlenmenge) während der ersten 3 Monate führt zur Verdopplung des Allgemeinrisikos für Fehlbildungen. Bei höheren Strahlenbelastungen wie der Strahlung nach der Atombombenexplosion in Hiroshima und Nagasaki sind schwere Fehlbildungen des zentralen Nervensystems, der Augen, des Skeletts und der inneren Organe beobachtet worden. Eine schädigende Wirkung bei niedrigeren Strahlendosen, wie sie in der medizinischen Diagnostik verwendet werden, ist beim Menschen nicht bekannt.

Aufgrund der mutagenen Wirkung der ionisierenden Strahlen ist zwischen einer Radiotherapie und einer Schwangerschaftsplanung ein Intervall von 3 Monaten zu empfehlen. Dies gilt natürlich für beide Geschlechter.

15 Einige Fragen aus dem täglichen Leben

Nachdem wir mit den Grundlagen der Genetik und der Vererbung bzw. der Entstehung angeborener Krankheiten vertraut sind, wollen wir einige Krankheiten und Anomalien besprechen, mit denen wir relativ häufig im täglichen Leben konfrontiert werden und deren Vererbung uns im Rahmen der Familienplanung beschäftigt. Auf Zahlen zum Wiederholungsrisiko wird hier verzichtet, da die Beratungssituation bei gleicher Krankheit von Fall zu Fall verschieden ist.

Vererbung von angeborenen Fehlbildungen

Embryonale Entwicklung

Schon seit dem Altertum beschäftigen embryonale Entwicklung und Fehlbildungen den Menschen. Wie sich aus einer winzigen befruchteten Eizelle ein komplexes Lebewesen mit Haut, Muskeln, Knochen, Nervensystem, Verdauungsorganen und anderen Geweben entwickelt, ist das Geheimnis, das die Naturwissenschaftler zu enthüllen versuchen.

Die Begründer der *Präformationstheorie* hatten die Vorstellung, daß im Ei das künftige Lebewesen schon in allen seinen Teilen vorgebildet sei. Nach Entdeckung des Spermiums übertrug man dies auch auf das Spermium. Erst systematische Untersuchungen am Vogelei führten zur Entdeckung der Keimblätter und damit zur Widerlegung dieser Vorstellungen. 1892 stellte der Zoologe Weißmann die sog. *Determinationshypothese* auf. Danach sollten im Zellkern der befruchteten Eizelle in einem dreidimensionalen Muster kleine entwicklungssteuernde Einheiten liegen, die das spätere Schicksal der Zygote bestimmten. Später wurden von Spemann die Ortsmäßigkeit während des Blastulastadiums und die Herkunftsmäßigkeit während der Gastrulation sowie die Induktion durch einen Organisator und schließlich die *embryonalen Entwicklungsfelder* nachgewiesen. Für das Verständnis der Entstehung von Fehlbildungen waren diese Kenntnisse von großer Bedeutung.

Im letzten Jahrzehnt hat die Entwicklungsbiologie überraschende Fortschritte gemacht. Unter Anwendung von molekularbiologischen Methoden ist es gelungen, Gene höherer Organismen zu isolieren, zu analysieren und ihre Funktionen zu prüfen. Man weiß heute, daß die embryonale Entwicklung der Lebewesen von Genen gesteuert wird, d. h., daß das Genom ein genaues Programm enthält, nach dem sich ein Organismus entwickelt.

Mit molekulargenetischen Methoden ist es jetzt möglich geworden, die räumliche und zeitliche Expression von Genen während der Embryonalentwicklung zu studieren. Die Entdeckung und die genetische Analyse von Mutanten der Embryonalentwicklung der Fruchtfliege brachte einen Durchbruch für das Verständnis der genetischen Steuerung der Entwicklung und des Bauplans. Gene, die die räumliche und zeitliche Organisation der Embryonalentwicklung kontrollieren, werden als

Homeoboxgene bezeichnet. Sie wurden zwar in der Fruchtfliege entdeckt, doch inzwischen weiß man, daß sie auch bei Wirbeltieren und beim Menschen existieren. Sie sind bei Wirbeltieren ähnlich organisiert wie bei Insekten. Beim Menschen und bei der Maus kennt man vier Gruppen von Genen, die mit den Homeogenen der Fruchtfliege übereinstimmen. Mutationen in diesen Genen führen zu bestimmten Fehlbildungen.

Angeborene Fehlbildungen

Früher hat man auf die Geburt eines fehlgebildeten Kindes mit Ehrfurcht, Angst, Bewunderung oder mit der Vorahnung einer bevorstehenden Katastrophe reagiert. Die Beobachtung und die Faszination von angeborenen Fehlbildungen äußern sich seit Jahrtausenden in der Kunst. Skulpturen, Kalkstein- und Holzschnitzereien bis zurück zu steinzeitlichen Kulturen zeigen detaillierte Beobachtungen angeborener Fehlbildungen.

Aus der Bibliothek des babylonischen Königs Asurbanipal wurden Tontafeln entdeckt, die in ausführlicher Weise von Fehlbildungen handeln. Der Zweck dieser Zusammenstellung war kein medizinischer, sondern ein religiöser, in dem die Fehlbildungen als Omina betrachtet wurden. Im Reich der Babylonier war die Geburt eines Kindes mit Fehlbildungen ein Zeichen für Geschehnisse in der Zukunft und deshalb mit Konsequenzen verbunden. Hier zitieren wir einige babylonische Wahrsager aus dem Buch *Tetralogical Records of Chaldea* von J. W. Ballatyne:

 Wenn eine Frau ein Kind ohne Nasenlöcher gebiert, wird großes Leid über das Land kommen und das Haus des Mannes wird zerstört werden.

> Wenn eine Frau ein Kind ohne Nase gebiert, wird großes Leid über das Land kommen und der Hausherr wird sterben.
> Wenn eine Frau ein Kind ohne Glied gebiert, wird der Hausherr durch die Ernte seiner Felder reich werden.
> Wenn eine Frau ein Kind ohne klar erkennbares Geschlecht gebiert, werden Schrecknisse und Trauer über das Land kommen, der Hausherr wird nicht mehr glücklich sein.

Diese Einstellung hielt bis zur Zeit der Römer, des Mittelalters und bei manchen Völkern sogar bis heute. Das Wort »Monster« kommt aus dem Lateinischen »monere« warnen, ermahnen und vorahnen.

Im Mittelalter haben sich in Europa die alten Vorstellungen verändert, und die Geburt eines Kindes mit Fehlbildungen wurde als Strafe für schlechte Taten der Eltern, vor allem der Mutter angesehen. Die betroffenen Kinder wurden getötet und die Eltern verbannt. Erst im 18. Jahrhundert wurde die Entstehung der Anomalien aufgrund der Erkenntnisse der Entwicklungsgeschichte wissenschaftlich betrachtet.

Angeborene Fehlbildungen können einzeln oder kombiniert mehrere Organe betreffen. Sie können von einem einzigen Muttermal auf der Haut oder Zusammenwachsen von Fingern bis zu einem Loch im Herzen oder schweren Fehlbildungen im Kopf-, Gesichts- und Extremitätenbereich variieren. Fehlbildungen sind die Folge einer gestörten bzw. unvollständigen Organentwicklung. Etwa 3 % der Neugeborenen zeigen leichte Einzelfehlbildungen, bei ca. 0,7 % liegt ein kombinierter Fehlbildungskomplex vor. Die Häufigkeit von schweren Fehlbildungen ist nach der Konzeption wesentlich höher. Der größte Teil der Embryonen mit Fehlbildungen stirbt intrauterin und endet in einer Fehlgeburt. Bei etwa 60 % aller schweren Fehlbildungen ist die genaue Ursache nicht bekannt. 20 % werden multifaktoriell vererbt, bei ca. 7,5 % liegt eine monogene Vererbung vor; 6 % der fehlgebildeten Früchte haben eine chromosomale Aberration. Etwa 3 % der schweren kongenitalen Fehlbildungen werden durch mütterliche Erkrankung und etwa 3,5 % durch exogene Faktoren wie Infektionen, Alkoholabusus, Strahlenbelastung und andere chemische Noxen verursacht.

Vererbung von Neuralrohrdefekten

Neuralrohrdefekte (Spina bifida und *Anenzephalus)* sind Fehlbildungen des knöchernen Schädels, des Gehirns bzw. der Wirbelsäule während der embryonalen Entwicklung. Normalerweise wallt sich das Zentralnervensystem von der Neuralplatte ausgehend zur Neuralrinne auf und bildet durch die Zusammenführung der Seitenwülste das Neuralrohr. Unterbleibt der vollständige Verschluß aufgrund einer endogenen oder exogenen Störung, so kommt es zu Neuralrohrdefekten. Diese Kinder können auch eine Begleitfehlbildung an der Hirnbasis haben, die meist zu einem Hydrozephalus (Wasserkopf) führt. Es handelt sich hier um eine multifaktoriell bedingte Fehlbildung, d. h. sie entsteht durch Zusammenwirkung von mehreren defekten Genen und Umweltfaktoren, wie z. B. Vitaminmangel oder Valproinsäure (ein Antiepileptikum).

Diese Fehlbildungen kommen in verschiedenen Ländern unterschiedlich häufig vor. Die höchste Rate in Großbritannien, in Nordirland und Südwales beträgt etwa 7 auf 1000 Neugeborene, in Deutschland 1 bis 2 pro 1000 Neugeborene. Nach der Geburt eines betroffenen Kind ist das Wiederholungsrisiko bei einer nächsten Schwangerschaft im Vergleich zur Durchschnittsbevölkerung erhöht. Durch die Bestimmung des Alpha-Fetoproteins im Serum der Schwangeren oder im Fruchtwasser und durch gezielte Ultraschalluntersuchung ist es möglich, Neuralrohrdefekte diagnostisch zu erkennen.

Neuralrohrdefekte können auch als Teilsymptomatik bei einigen multiplen Fehlbildungssyndromen auftreten.

Vererbung von Herzfehlern

Angeborene Herzfehler sind anatomische Fehlbildungen aufgrund einer Entwicklungsstörung des Herzens. Sie können unterschiedlich verursacht werden. Sie können exogen bedingt sein, z. B. durch Alkoholgenuß oder eine Rötelninfektion während der Schwangerschaft, oder sie können genetische Ursachen haben. Die angeborenen Herzfehler sind bis auf wenige Ausnahmen multifaktoriell bedingt. Das Wiederholungsrisiko ist erhöht, wenn bereits ein Kind mit angeborenem Herzfehler geboren wurde. Auch bei Chromosomenanomalien oder Fehlbildungssyndromen können angeborene Herzfehler als Teilsymptome vorliegen.

Vererbung von Lippen-Kiefer-Gaumen-Spalte

Lippen-Kiefer-Gaumen-Spalte (LKG) oder isolierte Gaumenspalte können als Teilmanifestation bei einigen Fehlbildungssyndromen auftreten. Die Lippen-Kiefer-Gaumen-Spalte kommt mit einer Häufigkeit von 1:500 bis 1:1000 und die isolierte Gaumenspalte mit einer Häufigkeit von 1 auf 2500 Geburten vor. Die isolierte Lippen-Kiefer-Gaumen-Spalte ist multfaktoriell bedingt. Das Wiederholungsrisiko nach einem betroffenen Kind ist erhöht. Auch durch exogene Ursache kann eine LKG entstehen.

Vererbung von geistiger Behinderung

Unter geistiger Behinderung versteht man einen deutlich unterdurchschnittlichen allgemeinen Intelligenzquotienten, der mit Mängeln in der Anpassung, dem Verhalten und der Geschicklichkeit einhergeht und sich im Laufe der frühkindlichen Entwicklung manifestiert. Geistige Behinderung hat unterschiedliche Schweregrade. Die WHO hat sie in schwere, mittlere und leichte Grade eingeteilt. Die Ursachen der geistigen Behinderung können verschieden sein. Bei etwa 30–40 % der Fälle bleibt die Ursache unbekannt. Es gibt genetische und erworbene Ursachen, deren Unterscheidung oft schwierig ist.

Genetische Ursachen sind: Chromosomenstörungen verschiedener Art, in der Mehrzahl Fälle von Down-Syndrom, multifaktorielle Erkrankungen oder Anomalien, wie z. B. als Teilsymptomatik bei vielen multiplen Fehlbildungen, monogene Erkrankungen, z. B. im Rahmen von verschiedenen Stoffwechselstörungen oder als eigenständige Entität mit oder ohne äußere körperliche Merkmale. Als Beispiel wollen wir eine der häufigsten Formen der geistigen Behinderung mit monogenem Vererbungsmodus schildern.

Mit der Genetik der geistigen Behinderung haben sich Wissenschaftler bereits im vorigen Jahrhundert beschäftigt. Eindrucksvolle Beiträge für die Erblichkeit der geistigen Behinderung stellten die Schilderungen großer Schwachsinnsfamilien dar.

Es fiel immer wieder auf, daß geistige Behinderung beim männlichen Geschlecht häufiger vorkommt. Es wurden verschiedene große Studien durchgeführt und ein Überhang von 25 % an männlichen Patienten festgestellt. Zunächst äußerte man eine genetische Ursache für diesen Unterschied sehr zurückhaltend. Nachdem man jedoch auf der Suche nach der Ursache große Fortschritte erzielt hatte, und vor allem die verschiedenen Chromosomenanomalien und Stoffwechselstörungen als Ursache entdeckt waren, blieb eine heterogene Gruppe von Schwachsinnsformen übrig, deren Ursache seinerzeit nicht geklärt werden konnte. Weitere Beobachtungen und vor allem Familien- und Stammbaumanalysen ergaben den eindeutigen Hinweis, daß unter dieser Gruppe auch eine genetisch bedingte Schwachsinnsform mit geschlechtsgebundenem Erbgang existieren muß. Mit einer Spezialuntersuchung oder einem biologischen Marker konnte diese Krankheit jedoch nicht gesichert werden.

Durch weitere sorgfältige klinische und genetische Untersuchungen stellte sich heraus, daß es tatsächlich ein definierbares Krankheitsbild gibt, bei dem die Patienten diskrete äußere Auffälligkeiten zeigen und u.a. vergrößerte Hoden haben. Später konnte durch Chromosomenuntersuchungen mit Spezialbehandlung am terminalen Ende des X-Chromosoms eine brüchige Stelle festgestellt werden, die als *fragile site* bezeichnet wurde. Seither wird dieses Krankheitsbild als *fragiles X-Syndrom* bzw. als *Martin-Bell-Syndrom* bezeichnet.

Martin-Bell-Syndrom

Martin und Bell haben bereits 1943 eine Familie beschrieben, in der in drei Generationen 11 Männer betroffen waren. Die Autoren nahmen seinerzeit eine X-chromosomale Vererbung mit inkompletter Penetranz an, weil in dieser Familie zwei Frauen ebenfalls betroffen waren und zwei geistig normale Männer mit unauffälligen Töchtern wiederum geistig behinderte Enkelsöhne hatten. Über diese Besonderheit wurde jahrelang gerätselt und verschiedene Hypothesen aufgestellt. Dank der Fortschritte in den molekulargenetischen Techniken ist es

Abb. 49. Das fragile X-Chromosom.

heute gelungen, die Hintergründe dieser Besonderheiten auf molekularer Ebene zu klären.

Charakteristisch für das Martin-Bell-Syndrom sind bestimmte Gesichtsmerkmale, große Ohren und vergrößerte Hoden, die erst nach dem Pubertätsalter deutlich manifest werden. Im Kindesalter sind die Knaben hyperaktiv und zeigen zum Teil autistisches Verhalten. Kopf- und Körpergröße liegen meist im oberen Normbereich. Die Chromosomenanalyse unter bestimmten Kulturbedingungen zeigt eine zerbrechliche Stelle am terminalen Ende des langen Arms des X-Chromosoms (Abb. 49). Obwohl es sich beim Martin-Bell-Syndrom um eine X-chromosomale Erkrankung handelt, gibt es im Vergleich zu den klassischen geschlechtsgebunden-rezessiven Erkrankungen einige Besonderheiten:

- Etwa 30–50 % der heterozygoten Frauen zeigen die gleichen Symptome wie die betroffenen Männer.

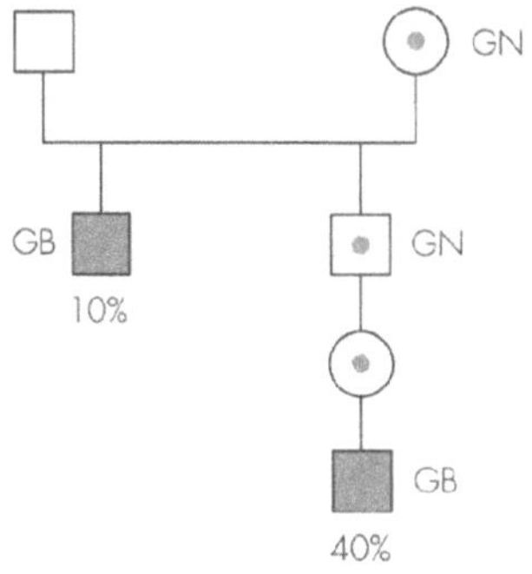

Abb. 50. Sherman-Paradox: Das Risiko für geistige Behinderung *(GB)* bei Brüdern und Enkelsöhnen eines geistig normalen *(GN)* männlichen Anlageträgers für das fragile X-Syndrom.

▪ Es gibt neben den gesunden weiblichen auch gesunde männliche Träger. Die Penetranz der geistigen Behinderung bei heterozygoten Männern beträgt nur 80 %.
▪ Mutter und Töchter eines gesunden männlichen Überträgers zeigen keine Symptome, obwohl sie obligat heterozygot sind.
▪ In der Enkelgeneration eines gesunden männlichen Überträgers erkranken ca. 80 % aller männlichen und etwa die Hälfte aller weiblichen Genträger.

Ein weiteres Phänomen ist das *Sherman-Paradox:* Ein normaler männlicher Überträger hat weniger betroffene Brüder (etwa 10 %) als betroffene Enkelsöhne (ca. 40 %), d. h., daß der Anteil geistiger Behinderung in fragilen X-Familien von Generation zu Generation zunimmt. Dieses Phänomen wird auch als *genetische Antizipation* bezeichnet (Abb. 50).

Mit Hilfe molekulargenetischer Methoden gelang es den Wissenschaftlern 1991, die Ursachen dieser Besonderheiten zu erklären. Im Gen des Martin-Bell-Syndroms (FMR1-Gen = *f*ragile X *m*ental *r*etardation) kommt der sog. Trinukleotidrepeat vor, d. h. eine Wiederholung von

CGG (Cytosin-Guanin-Guanin)-Sequenzen. Bei Gesunden findet man meist zwischen 6 und 40 solcher wiederholter Trinukleotidblöcke, während diese bei Patienten bis auf mehrere Tausend erhöht sind. Das FMR1-Gen, das also für das fragile X-Syndrom verantwortlich ist, kommt ausgeprägt im Hirn, in den Hoden und in einigen anderen Geweben vor.

Die wiederholten Sequenzen im menschlichen Genom sind instabil und das Risiko für Instabilität nimmt mit der Länge des Repeats zu. Man nimmt an, daß beim Martin-Bell-Syndrom die Mutation in zwei Etappen stattfindet. Bei der ersten Mutation wird die CGG-Sequenz bis auf etwa 50 wiederholte Einheiten vergrößert. Sie bleibt ohne nachteilige Auswirkung und wird als Prämutation bezeichnet. Die Träger von Prämutationen sind also symptomfrei. Die Töchter von gesunden männlichen Überträgern erben diese erweiterten CGG-Trinukleotide unverändert und sind ebenso gesund. Dies schafft aber eine Prädisposition für eine zweite Mutation, wodurch die instabilen Trinukleotidsequenzen sich auf mehrere Hundert bis Tausend erhöhen. Im Gegensatz zu der früheren Annahme, daß diese Vollmutation in der Reifeteilung der weiblichen Geschlechtszellen stattfindet, gibt es heute einige Hinweise, daß die Expansion des Repeats postzygotisch in der frühen Embryonalentwicklungsphase erfolgt.

Inzwischen kennt man eine Reihe weiterer X-chromosomal-rezessiver Schwachsinnsformen. Ohne Zweifel befinden sich darunter auch Krankheiten, bei denen der gleiche biologische Mechanismus ursächlich eine Rolle spielt.

Intelligenz und Vererbung

Die Definition der Intelligenz ist sehr verschwommen und bezieht sich im wesentlichen auf die Fähigkeit zum abstrakten Denken. So formulierte der amerikanische Psychologe D. Wechsler: »*Intelligenz ist die zusammengesetzte oder globale Fähigkeit des Individuums, zweckvoll zu handeln, vernünftig zu denken und sich mit seiner Umgebung wirkungsvoll auseinanderzusetzen.*«

Das Problem besteht nur darin, einen Test zu entwickeln, der dem zuvor festgelegten Intelligenzbegriff gerecht wird. Die eigentliche Messung des Intelligenzquotienten (IQ) durch verschiedene Testmethoden bereitet eine Vielzahl von Problemen. Schulnoten hängen nicht nur von intellektuellen Fähigkeiten ab, sondern auch vom Fleiß des Schülers, der Sympathie des Lehrers und seinem persönlichen Benotungssystem. Die verschiedenen Testformen, die versuchen, einen allgemeinen Intelligenzfaktor zu bemessen, versagen auf mehrfache Weise. Zwar leisten sie unter Umständen eine einigermaßen zutreffende Messung der verbalen und rechnerischen Fähigkeiten und der Fähigkeit zum logischen Denken, doch können viele andere spezifische Fähigkeiten überhaupt nicht unterschieden werden.

Gibt es aber nun wirklich einen Zusammenhang zwischen Intelligenz und Vererbung? Früher waren einige Forscher der Meinung, daß 80–90 % der Intelligenz durch Vererbung bestimmt seien. Demgegenüber bestand eine andere Vorstellung, die besagte, daß keine brauchbaren Daten existieren, die die Annahme der Erblichkeit von Intelligenz stützen könnten. Auch die Untersuchung von Zwillingen und Adoptivkindern brachte immer wieder widersprüchliche Ergebnisse. Heute kann man sagen, daß die Eigenschaft der Intelligenz in einem gewissen Umfang polygen vererbt ist, jedoch die endgültige Fähigkeit einzelner Personen Ausdruck eines Zusammenwirkens zwischen genetischer Ausstattung und Umwelt ist.

Geisteskrankheiten und Gemütsleiden

Generell kann man diese Krankheiten in zwei Gruppen einteilen:

- *Neurosen*, das sind die Angstzustände, Furcht – wir sind vermutlich alle unter bestimmten Umständen in unserem Leben zeitweise etwas neurotisch, und
- *Psychosen*, wie z. B. Schizophrenie, manisch depressive Geisteskrankheiten und affektive Erkrankungen.

Neurosen äußern sich in Form von Schmerzen in verschiedenen Körperregionen, Herzklopfen, Atemlosigkeit, Appetitverlust, Schwäche, Lethargie oder Müdigkeit, übermäßigem Schwitzen, Durchfall oder Verstopfung usw., ohne daß eine organische Erkrankung feststellbar wäre. Mit großer Wahrscheinlichkeit haben die Neurosen keine starke genetische Ursache. Bei den Psychosen handelt es sich wahrscheinlich um biochemische Störungen des Nervensystems.

Unter dem Begriff Schizophrenie versteht man heute eine Störung des Denkprozesses, die sich als Störung im Gefühlsbereich durch unangemessenes Verhalten und zunehmenden Rückzug von zwischenmenschlichen Kontakten ausdrückt. Sie äußert sich mit Verlust des Strukturzusammenhangs der Persönlichkeit und mit Spaltung von Denken, Affekt und Erleben.

Die manisch-depressive Geisteskrankheit äußert sich als Stimmungsbeeinträchtigung infolge eines Lebensereignisses, das uns belastet. Dies kann z. B. die Trennung von einem nahestehenden Menschen sein, aber auch berufliche Mißerfolge, nicht bestandene Prüfungen oder eine Krankheit. Wenn die Erkrankung aber ohne Beziehung zu offensichtlichen Problemen auftritt, handelt es sich um eine endogene Depression. Die manisch Depressiven können wechselnde Schübe von Manie oder äußere, unbeherrschbare Erregung und tiefste Verzweiflung haben. Bei manchen Patienten ist die Erkrankung unipolar, d. h. nur manische oder nur depressive Schübe treten auf. Erkrankungen mit wechselnden Schüben von Manie und Depression nennt man bipolar.

Die familiäre Häufung von Psychosen ist weltweit durch große Studien bestätigt worden. Genetische Faktoren haben sicherlich einen großen Einfluß. Für eine Manifestation wirken genetische Disposition und exogene Faktoren zusammen. Die Geisteskrankheiten und Gemütsleiden sind also multifaktorielle Erkrankungen. Für die Nachkommen von Betroffenen besteht somit ein erhöhtes Wiederholungsrisiko.

Anfallsleiden (Epilepsie)

Für die Epilepsie gibt es verschiedene Ursachen, von intrauteriner Hirnschädigung des Feten über Schädigung durch Geburtstrauma bis zu Traumen im Laufe des Lebens. Epileptische Anfälle können als Teilsymptomatik bei verschiedenen Stoffwechselkrankheiten oder als Fehlbildungen des zentralen Nervensystems vorkommen, die monogen vererbt werden, aber auch als eigenständige Krankheit auftreten. Letzteres, das sog. idiopathische bzw. endogene, also aus inneren, unbekannten Gründen hervorgerufene Anfallsleiden, das auch als primäre Epilepsie bezeichnet wird, ist eine multifaktorielle Erkrankung. Für die direkten Nachkommen besteht ein erhöhtes Wiederholungsrisiko.

Das allgemeine Basisrisiko für angeborene Fehlbildungen ist bei den Nachkommen von epileptischen Müttern im Vergleich zur Durchschnittsbevölkerung erhöht. Während einer Schwangerschaft muß einerseits darauf geachtet werden, daß die Schwangeren anfallsfrei bleiben, aber andererseits auch die teratogene Wirkung der antiepileptischen Arzneimittel berücksichtigt werden.

Zuckerkrankheit (Diabetes mellitus)

Die Zuckerkrankheit ist schon seit einigen tausend Jahren bekannt. Bereits die Ägypter und Chinesen kannten vor mehreren tausend Jahren diese Krankheit, und die Inder und Perser wußten, daß der Urin von Patienten süß schmeckt. Es gibt verschiedene Arten von Diabetes mellitus.

Heute ist man von einer früheren Aufteilung nach dem Manifestationsalter abgekommen und unterscheidet, abgesehen von seltenen genetischen Syndromen, zwei Hauptgruppen: der insulinabhängige Typ I und der nichtinsulinabhängige Typ II. Es handelt sich bei beiden um eine multifaktorielle Erkrankung, d. h. aufgrund einer polygen bedingten genetischen Disposition kann durch Zusammenwirkung mit Umweltfaktoren die Erkrankung zum Ausbruch kommen. Mit Anstieg der Fettleibigkeit in übermäßig ernährten Bevölkerungen nimmt auch die Häufigkeit des Diabetes zu. Der Diabetes mellitus war z. B. unmittelbar nach den Kriegsjahren in Deutschland im Vergleich zu heute wesentlich seltener.

Untersuchungen in den letzten Jahren haben gezeigt, daß zwischen Diabetes Typ I und HLA Typ DW 3 und DW 4 sowie HLA Typ B 8 und Typ 15, CW3, A12 eine Assoziation besteht. HLA ist eines der Zelloberflächenantigenen. Für die direkten Nachkommen von diabetischen Müttern besteht ein höheres Allgemeinrisiko für verschiedene Fehlbildungen. Auch sonstige Schwangerschaftskomplikationen wie z. B. Eklampsie, Polyhydramnion, Harnweginfektionen und andere geburtliche Probleme können bei Diabetikerinnen häufiger vorkommen.

Herz- und Gefäßerkrankungen

Erkrankungen des Herzens und der Blutgefäße können praktisch jeden treffen. Genetische und exogene Faktoren, die getrennt voneinander oder gemeinsam einwirken, verursachen die meisten dieser Erkrankungen. Es gibt verschiedene Formen derartiger Krankheiten. Über die angeborenen Herzfehler haben wir bereits in Kap. 16 gesprochen. Es gibt Herzkranzgefäßerkrankungen oder Erkrankungen der großen Blutgefäße, die unter anderem einen *Herzinfarkt* und *hohen Blutdruck* verursachen. Eine andere Gruppe sind Herzkrankheiten, die im Zusammenhang mit verschiedenen genetischen Krankheiten auftreten und auf die hier nicht eingegangen werden soll.

Arteriosklerose

Bei der Arteriosklerose lagern sich Fettsubstanzen in Bindegewebsfasern ab und bilden an den Innenwänden der Großarterien einschließlich der Herzkranzgefäße, die das Herz versorgen, Streifen bzw. Flecken. Diese fett- und faserhaltigen Substanzen werden mit der Zeit dicker, ziehen die Bildung von Blutgerinnseln nach sich und können schließlich Herzkranzgefäße verstopfen und zu einem Herzinfarkt führen.

Ein *Herzinfarkt* entsteht im Grunde dadurch, daß der Herzmuskel zuwenig Sauerstoff erhält. Unterschiede in der Häufigkeit von hohen *Cholesterin-* oder *Triglyzeridwerten* sowie damit zusammenhängende Herzkrankheiten zwischen verschiedenen Bevölkerungen in demselben Land oder verschiedenen Nationalitäten weisen darauf hin, daß genetische Faktoren eine Rolle spielen.

Durch weltweite Studien konnte gezeigt werden, daß etwa 80 % der Menschen, die vor dem 50. Lebensjahr an Herzkranzgefäßerkrankungen leiden, einen hohen Cholesterin- oder einen hohen Triglyzeridspiegel im Blut haben. Familiäre Hypercholesterinämie ist genetisch bedingt und wird autosomal-dominant vererbt. Sie beruht auf Mutationen, die die Struktur und Funktion eines Zelloberflächenrezeptors über ein cholesterinbindendes Protein (LDL = low density lipoprotein) betreffen. Diese Störung führt zu einer erheblich erhöhten Konzentration von LDL-gebundenem Cholesterol im Plasma und zu gesteigerter Ablagerung von Cholesterol in Blutgefäßen, in der Haut und an der Peripherie der Iris. Es sind verschiedene Mutationen des LDL-Rezeptorgens bekannt, und diese haben je nach Lokalisation verschiedene Auswirkungen.

Bluthochdruck (Hypertension)

Bei den meisten Patienten mit Bluthochdruck ist die Ursache nicht bekannt. Aus diesem Grund wird auch die Erkrankung als primäre bzw. essentielle Hypertonie bezeichnet. Bei den restlichen 15 % ist die Ursache unterschiedlich. Bluthochdruck kann z. B. bedingt sein durch Nieren-, Hormon-, Gefäß-, Bindegewebs- oder durch Stoffwechselerkrankungen. In den letzten Jahren wurde bekannt, daß Frauen, die orale Verhütungsmittel anwenden, zwei- bis sechsmal häufiger an Bluthochdruck leiden als andere. Aus diesem Grund ist es wichtig, orale Verhütungsmittel erst nach Rücksprache mit dem betreuenden Arzt einzunehmen. Eine familiäre Häufung wird aber auch bei essentiellem Bluthochdruck beobachtet. Es ist sehr wahrscheinlich, daß auch hier die Erbfaktoren eine Rolle spielen.

Krebserkrankungen

Inzwischen ist es eine anerkannte Tatsache, daß Krebs in bestimmten Familien gehäuft vorkommt. Es wird nicht mehr bezweifelt, daß neben exogenen Faktoren die Veranlagung zum Krebs genetisch bedingt ist. Die Frage ist nun, wie die Veranlagung zum Krebs genetisch wirkt, wie viele und ob überhaupt krebserzeugenden Gene festgestellt werden können.

In jeder menschlichen Zelle sind Gene enthalten, die die Zellteilung zeitlich und örtlich kontrollieren. Diese Gene werden als *Onkogene* bezeichnet. Genetische Veränderungen, d. h. Mutationen an diesen Genen, können zur gestörten Kontrolle der Zellteilung, zur vermehrten Wucherung von Zellen und zur Bildung eines Tumors führen: z. B. kann die Ausprägung der zellulären Onkogene durch die Translokation eines Chromosomenabschnittes auf ein anderes Chromosom verändert werden. Ein Beispiel ist das *Philadelphia-Chromosom* bei *chronisch-myeloischer Leukämie*. Es gibt natürlich bis zur Tumorentstehung teilweise bekannte, aber größtenteils auch unbekannte molekulare Mechanismen.

Hier sollten auch die *Tumorsupressorgene* genannt werden. Dies ist eine Gruppe von Genen, die normalerweise die Teilung von Zellen unterdrücken. Der Verlust der normalen Funktion durch eine Mutation führt zu

Tabelle. 12. Monogene Krankheiten, die eine hohe Inzidenz für maligne Erkrankungen haben *(AR* autosomal-rezessiv, *XR* X-chromosomal-rezessiv).

Krankheiten	Erbgang	Tumorarten
Ataxia-Teleangiektasia	AR	Leukämie und Karzinome
Bloom-Syndrom	AR	Leukämie
Chédiak-Higashi-Syndrom	AR	Lymphome
Fanconi-Aämie	AR	Leukämie
Dyskeratosis congenita	XR	pharyngeale und ösophageale Tumoren
Xeroderma pigmentosum	AR	verschiedene Hauttumoren
Tuberöse Sklerose	AD	Atrozytome, Gliome, Ependymome
Werner-Syndrom	AR	verschiedene Tumoren
Neurofibromatose	AD	Astrozytom, Glioblastom, Ependymom
Familiäre Polyposis coli	AD	Dickdarmtumoren und verschiedene andere Tumoren

Tabelle 13. Einige Beispiele von malignen Krankheiten, die nach der Mendelschen Regel vererbt werden *(AD* autosomal-dominant).

Krankheiten	Erbgang
Retinoblastom	AD
Wilms-Tumor	AD
Basalzellnävussyndrom	AD
Maligne Melanome	AD
Adenokarzinomatose (Cancer-Family-Syndrome)	AD
Multiple endokrine Adenomatose	AD

unkontrollierter Zellteilung und letzten Endes zur Tumorentstehung. Im Gegensatz zu den zellulären Onkogenen, wo die Veränderung eines Allels zur Störung der normalen Funktion führt, müssen bei den Tumorsupressorgenen beide Allele ihre Funktionen verloren haben, damit ein Tumor entsteht. Obwohl die genetische Forschung der Entstehung von Krebserkrankungen noch relativ jung ist, gibt es eine Reihe von Krebskrankheiten, die mit Sicherheit nach den Mendelschen Regeln vererbt werden und deren biologischer Mechanismus zum Teil auf molekularer Ebene geklärt ist (Tabelle 12 und 13).

Bedeutung des elterlichen Alters

Während des Vorgangs der Spermatogenese besteht bei älteren Vätern ein erhöhtes Risiko für Neumutationen. Diese Mutationen können die Ursache für eine bestimmte Erkrankung bei den direkten Nachkommen sein, wenn es sich um eine autosomal-dominante Mutation handelt. Es ist eine Reihe von autosomal-dominanten Erkrankungen bekannt, die als Ergebnis einer Neumutation in den Keimzellen des älteren Vaters auftreten. Beispiele hierfür sind *Achondroplasie, Marfan-* und *Apert-Syndrom* .

Das mütterliche Alter spielt bei der Entstehung einer freien *Trisomie 21* (Down-Syndrom) eine große Rolle. Die Häufigkeit dieser Chromosomenstörung steigt mit zunehmendem Alter der Mutter an (s. Tabelle 7). Es gibt weitere numerische Chromosomenstörungen, die ebenso vom mütterlichen Alter abhängig sind, wie z. B. Trisomie 13, Trisomie 18 oder überzählige Geschlechtschromosomen (XXY und XXX). Das väterliche Alter spielt mit großer Wahrscheinlichkeit bei der Entstehung von numerischen Chromosomenstörungen keine wesentliche Rolle.

Eine europäische Studie zeigt, daß Väter, die 41 Jahre oder älter sind, ein erhöhtes Risiko für ein Kind mit Down-Syndrom haben können. Dagegen liegt eine Studie aus den USA und Kanada vor, die keinen signifikanten Einfluß des väterlichen Alters bei der Entstehung einer freien Trisomie 21 zeigt. Eine pränatale Chromosomendiagnostik allein aufgrund des väterlichen Alters wird – wenn überhaupt – bei Vätern ab 50 Jahren akzeptiert.

Verwandtenehe

Alle Menschen besitzen mehrere rezessive Gene für unterschiedliche genetische Erkrankungen. Im heterozygoten Zustand beeinträchtigen diese Gene unsere Gesundheit nicht. Ein seltenes rezessives Gen kann in heterozygotem Zustand über Generationen weitergegeben werden. Je näher der Verwandtschaftsgrad zwischen den beiden Partnern ist, um so wahrscheinlicher kommt es zu einer Verbindung zweier Heterozygoten. Erst durch das Zusammentrefffen von Heterozygoten kann ein homozygot krankes Kind entstehen. Aus diesem Grund sind Patienten mit einer autosomal-rezessiven Erkrankung unter der Nachkommenschaft aus Verwandtenehen häufiger als rein zufällig zu erwarten wäre. Bei der genetischen Beratung von Verwandtenehen muß deutlich gemacht werden, daß wir heute über tausend rezessive krankmachende Anlagen kennen. Eine Berechnung des Risikos ist nicht möglich, weil für viele dieser Anlagen die Genfrequenz nicht bekannt ist.

Es besteht in der Regel zwar kein ausreichender Grund, in einer solchen Situation von Kindern abzuraten. Es muß aber erwähnt werden, daß das Allgemeinrisiko für autosomal-rezessive Erkrankungen für Kinder aus einer Vetter-Cousinen-Ehe im Vergleich zu nicht verwandten Partnern etwas erhöht ist. Auch die Häufigkeit von Fehl- und Totgeburten sowie von multifaktoriellen Erkrankungen und geistiger Behinderung ist bei Kindern aus Verwandtenehen höher als bei nicht verwandten Eltern.

16 Klinisch-genetische Untersuchungsmethoden

Krankengeschichte und Stammbaum der Familie

Eine eingehende Familien-, Schwangerschafts-, Geburts- und Eigenanamnese sowie eine Stammbaumanalyse sind die Grundvoraussetzungen für eine klinisch-genetische Untersuchung. Dabei soll auf Fehl- und Totgeburten, Tod im frühen Kindesalter sowie auf familiäre Besonderheiten und ethnische Herkunft geachtet werden. Die notwendigen Symbole für den Stammbaum sind in Abb. 51 widergegeben.

Untersuchung auf phänotypischer Ebene

Bei der körperlichen Untersuchung sollte nicht nur auf größere Anomalien und Fehlbildungen, sondern auch auf kleinere morphologische Defekte bzw. Dysmorphiezeichen geachtet werden. Photographien, Röntgenaufnahmen und Überprüfung von Krankheitsberichten gehören dazu.

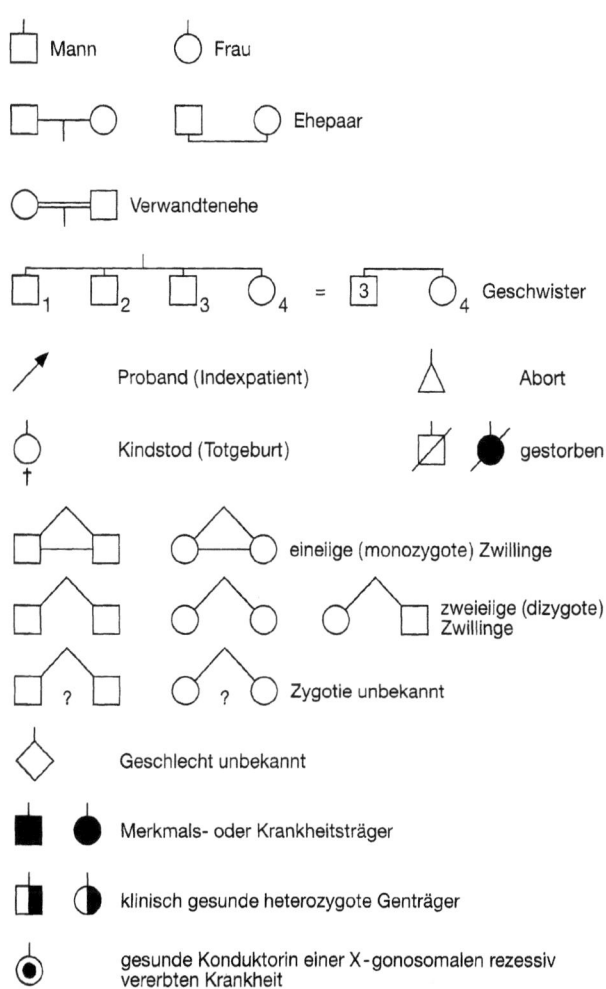

Abb. 51. Symbole zur Erstellung eines Stammbaumes.

Untersuchung auf chromosomaler Ebene

Nicht immer gibt es typische Merkmale für seltene Chromosomenanomalien. Die Indikationsstellung für eine Chromosomenanalyse sollte nicht zu eng gefaßt werden.
Die charakteristischen Fehlbildungen und äußeren Auffälligkeiten sind:

- Auffälligkeiten im Gesichts- und Kopfbereich
- Wenig differenzierte und tiefsitzende Ohren
- Wolfsrachen, Hasenscharte
- Fehlbildungen im Magen-Darm-Kanal
- Herzfehler und Fehlentwicklung der großen Arterien
- Nieren- und Harnwegmißbildungen
- Bestimmte Hirnmißbildungen, insbesondere Balkenmangel
- Fehlende Speiche und/oder Daumen
- Überzählige Finger und/oder Zehen
- Fehlende oder fehlentwickelte Augen mit Spaltungen
- Offener Rücken (Spina bifida)
- Bauchwanddefekte

Untersuchung auf Genproduktebene

Die Untersuchungen umfassen die biochemischen Analysen von Enzymen bzw. Proteinen sowie Screeningmethoden nach angeborenen Stoffwechselkrankheiten, z. B. Blut- oder Urinuntersuchung auf Aminosäuren, organische Säuren usw. Bei einer Reihe von Krankheiten kann die Anlageträgerschaft durch einen Heterozygotentest erkannt werden (Tabelle 14).

Tabelle 14. Einige Krankheiten, die durch biochemische Untersuchung pränatal nachgewiesen werden konnten.

Krankheit	Erbgang
AGS (Adrenogenitales Syndrom)	XR
Ahorn-Sirup-Krankheit	AR
Galaktosämie	AR
Glutarazidurie	AR
Glykogenspeicherkrankheit Typ II, III, IV, VIII	AR, XR (VIII)
GM 1-Gangliosidose (alle Typen)	AR
GM 2-Gangliosidose (Tay Sachs, Sandhoff)	AR
Hämozystinurie	AR
Lesch-Nyhan-Syndrom	AR
Metachromatische Leukodystrophie	AR
Morbus Fabry	AR
Morbus Gaucher, Typ I, II, III	AR
Morbus Krabbe	AR
Morbus Niemann-Pick, Typ A, B, C	AR
Mukopolysaccharidose, Typ I–IV, VI, VII	AR; XR (Typ II)
Pyruvatdehydrogenasemangel	AR
Zystinose	AR

Untersuchung auf DNA-Ebene

In der medizinischen Genetik hat sich heute durch die Möglichkeiten der molekulargenetischen Methoden, also durch die Untersuchungen auf DNA-Ebene, ein neues Feld eröffnet. Eine zunehmende Zahl von monogenen Erkrankungen kann mit Hilfe von DNA-Diagnostik erkannt bzw. ausgeschlossen werden.

Bei etwa 400 genetischen Krankheiten ist inzwischen das Gen isoliert und die Sequenzabfolge (Adenin, Cytosin, Guanin, Thymin) bekannt. Bei diesen Krankheiten kann man durch direkte Analyse des Gens feststellen, ob die betreffende Person die krankmachende Anlage besitzt oder nicht.

Tabelle 15. Einige Krankheiten, die durch direkte *(d)* oder indirekte *(i)* Genotypendiagnostik erkannt werden können. (* Bei diesen Kranheiten können nicht alle Mutationen nach direkter Methode erkannt werden.)

Krankheit	Erbgang
Adulte polyzystische Nieren (i)	AD
AGS* (d)	AR
Alpha-Thalassämie (d)	AR
Alpha1-Antitrypsinmangel (d)	AR
Anhidrotische ektodermale Dysplasie (i)	XR
Beta-Thalassämie* (d)	AR
Central Core Disease (i)	AR
Chorea Huntington (d)	AD
Familiäre Hypercholesterinämie* (i)	AD
Hämophilie A und B* (d)	XR
Ichthyosis (i)	XR
Lesch-Nyhan-Syndrom (d)	XR
Marfan-Syndrom	AD
Martin-Bell-Syndrom (fra-X) (d)	XR
Mukoviszidose* (d)	XR
Muskeldystrophie Typ Becker* (d)	XR
Muskeldystrophie Typ Duchenne* (d)	XR
Myotonische Dystrophie (d)	AD
Neurofibromatose Typ I (i)	AD
Norrie-Syndrom (i)	XR
Osteogenesis imperfecta Typ I (i)	AD
Osteogenesis imperfecta Typ IV (i)	AD
Phenylketonurie* (d)	AR
Polyposis coli* (d)	AD
Retinitis pigmentosa (i)	XR
Retinoblastom (d)	AD
Sichelzellanämie (d)	AR
Tuberöse Hirnsklerose (i)	AD
Wiscott-Aldrich-Syndrom (i)	XR

Bei einer Reihe von Krankheiten ist das Gen nicht bekannt, aber man weiß, auf welchem Chromosomenabschnitt das Gen lokalisiert ist. Hier kann man mit Hilfe von DNA-Markern, die mit dem betreffenden Gen gekoppelt sind, die Anlageträgerschaft erkennen. Die Untersuchung basiert auf einer Segregationsanalyse und ist deshalb an eine komplette Familienuntersuchung gebunden (Tabelle 15). Die Voraussetzung für diese Untersuchung ist die sichere klinische Diagnose und Informativität der Familie für die zur Verfügung stehenden DNA-Marker (s. Kap. 12).

17 Genetische Beratung

Angesichts der raschen Entwicklung und Verbesserung der Untersuchungsmethoden, die der Diagnostik der genetischen Erkrankungen zugrundeliegen, ist heute die genetische Beratung einschließlich prä- und postnataler Diagnostik ein Teil der medizinischen Versorgung der Bevölkerung geworden. Genetische Beratung beinhaltet medizinische, psychosoziale sowie ethische Aspekte. Das Ad-hoc-Kommitee der Genetic Counselling der WHO definiert die genetische Beratung wie folgt:

> Genetische Beratung ist ein Kommunikationsprozeß, der sich mit genetischen Problemen befaßt, die mit dem Auftreten oder dem Risiko des Auftretens einer genetischen Erkrankung in einer Familie verknüpft sind. Dieser Prozeß umfaßt den Versuch einer oder mehrerer entsprechend ausgebildeter Personen,
> dem Individuum oder der Familie zu helfen,
> die medizinischen Fakten einschließlich der Diagnose, des mutmaßlichen Verlaufs und der zur Verfügung stehenden Behandlung zu erfassen,
> den erblichen Anteil der Erkrankung und das Wiederholungsrisiko für bestimmte Verwandte zu begreifen,
> die verschiedenen Möglichkeiten, mit dem Wiederholungsrisiko umzugehen, zu erkennen,

eine Entscheidung zu treffen, die ihrem Risiko, ihren familiären Zielen, ihren ethischen und religiösen Wertvorstellungen entspricht um

in Übereinstimmung mit dieser Entscheidung zu handeln und

sich so gut wie möglich auf die Behinderung des betroffenen Familienmitgliedes und/oder auf ein Wiederholungsrisiko einzustellen.

Wer sollte sich genetisch beraten lassen?

Eine genetische Beratung ist angezeigt,
- wenn einer oder beide Partner an einer Krankheit leiden, für die eine genetische Ursache vermutet wird;
- wenn in der Verwandtschaft eines oder beider Partner eine möglicherweise genetische Krankheit aufgetreten ist;
- wenn einer oder beide Partner als Überträger eines genetischen Defektes nachgewiesen sind;
- wenn Partner miteinander verwandt sind, z. B. Vetter und Cousine;
- wenn vor oder während der Schwangerschaft therapeutische Bestrahlungen oder die Einnahme teratogener oder mutagener Medikamente erfolgt ist;
- wenn durch die Einnahme von Suchtmitteln (z. B. Alkohol oder Drogen) oder durch eine frische Virusinfektion während der Schwangerschaft ein erhöhtes Risiko für die Fehlentwicklung des werdenden Kindes auftreten könnte;
- bei allen Frauen, die sich über die möglichen Risiken bei erhöhtem Alter der Mutter informieren wollen;

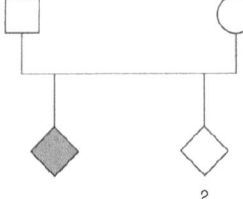

Abb. 52. Häufigste Situation bei einer genetischen Beratung: gesunde Eltern mit einem kranken Kind.

■ bei gesunden Paaren aus unauffälligen Familien, denen ein oder mehrere Kinder mit Erbleiden geboren wurden;
■ bei habituellen Aborten ohne gynäkologische, endokrinologische oder immunologische Ursachen.

Häufig geht es bei der Beratung um ein gesundes Ehepaar mit einer unauffälligen Familienanamnese, dem ein Kind mit einer genetisch bedingten Erkrankung geboren wurde (Abb. 52). Es kann sich dabei um eine monogene Erkrankung mit unterschiedlichem Vererbungsmodus handeln. Es kann eine multifaktorielle Erkrankung bzw. eine numerische oder strukturelle Chromosomenstörung vorliegen. Das Kind kann aber auch intrauterin durch einen exogenen Faktor geschädigt sein. Je nach Diagnose kann das Wiederholungsrisiko ermittelt und ein Beratungsgespräch durchgeführt werden. Dabei werden zunächst die biologischen Fakten erklärt und die Entstehung einer genetischen Erkrankung sowie die Risiken in der Familie erläutert. Die Möglichkeit der Pränataldiagnostik und der eventuellen Therapie, aber auch andere Alternativen, wie der Verzicht auf Kinder, werden mit Hinweis auf verschiedene prophylaktische Maßnahmen, heterologe Befruchtung und Adoption besprochen. Nicht nur medizinisch-biologische Aspekte, sondern auch die sozialen Probleme, die durch das Auftreten einer genetischen Erkrankung in einer Familie entstehen, sind Inhalt eines Beratungsgespräches. Bedeutsame ethische Probleme treten oft in der Pränatal- und Prädiktivdiagnostik auf.

18 Vorgeburtliche Diagnostik (Pränataldiagnostik) von genetisch bedingten Krankheiten

Durch die Entwicklung von neuen medizinischen Untersuchungsmethoden haben sich die Inhalte der genetischen Beratung und die Entscheidungsmöglichkeiten der Ratsuchenden verändert. Pränatale Diagnostik ist inzwischen ein wesentlicher Bestandteil der Beratung geworden. In den letzten Jahren sind die Methoden der Materialentnahme und die Untersuchungsverfahren wesentlich verbessert und neu entwickelt worden. Heute ist es möglich, Chromosomenstörungen sowie eine Reihe anderer monogener Erkrankungen und Fehlbildungen beim Feten durch Proteinbestimmung, molekulargenetische Analysen oder Ultrastrukturuntersuchung der Haut zu erkennen.

Die Inanspruchnahme der Pränataldiagnostik ist freiwillig. Vor der Anwendung sollte eine individuelle Beratung erfolgen, damit die Schwangere zusammen mit ihrer Familie aufgrund einer adäquaten Information eine verantwortungsbewußte Entscheidung treffen kann. Bei der Beratung sollten folgende Punkte angesprochen werden:

- Schwere der zu diagnostizierenden Krankheit,
- Sicherheit und Fehlerquote der Untersuchungsmethoden,
- Risiko für Mutter und Kind,

Tabelle 16. Methoden der pränatalen Diagnostik.

Invasive Methoden	
Amniozentese,	Alpha-Fetoproteinbestimmung
Chorionbiopsie:	Andere biochemische Untersuchungen
	Chromosomenanalyse
	DNA-Diagnostik
Nabelschnurpunktion:	Virologische Untersuchung
	Hämatologische Untersuchung
	Gerinnungsanalyse
	Chromosomenanalyse
	u. U. DNA-Dignostik
Fetoskopie:	Äußere Fehlbildungen
	Hautbiopsie
	Leberbiopsie
Nichtinvasive Methoden	
Ultraschall:	Äußere oder innere Organfehlbildungen
	Reifegrad
Mütterl. Serum:	Alpha-Fetoproteinbestimmung
	Beta-HCG
	Östriol
	Antikörperbestimmung
Fetale Zellen	Chromosomenanalyse
aus mütterlichem Blut:	DNA-Diagnostik

▪ prä- und postnatale Therapiemöglichkeiten und deren Erfolgschancen.

Die pränatale Diagnostik impliziert im Falle eines pathologischen Befundes nicht zwangsläufig einen Schwangerschaftsabbruch.

Die verschiedenen Methoden der Pränataldiagnostik sind in Tabelle 16 zusammengestellt. Die Fruchtwasserpunktion (Abb. 53) wird in der 14./15. Schwangerschaftswoche und die Chorionbiopsie (Abb. 54) ab der 9. Schwangerschaftswoche durchgeführt. Aus dem entnommenen Material werden fetale Zellen gewonnen. Nach der Inkubation oder direkt wird die gewünschte Untersu-

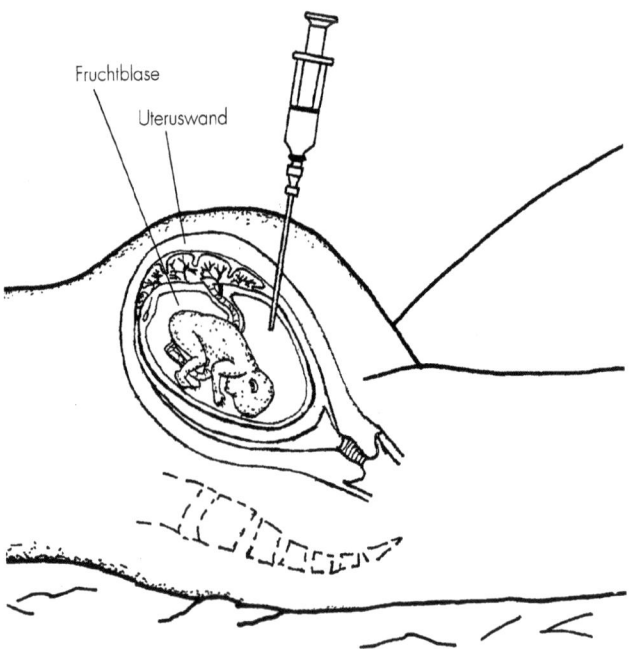

Abb. 53. Technische Durchführung der Amniozentese.

chung durchgeführt. Heute können auch fetale Zellen aus dem mütterlichen Blut gewonnen und für die pränatale Diagnostik verwendet werden.

> *Indikationen für Amniozentese und Chorionzottenbiopsie:*
> erhöhtes mütterliches Alter,
> vorangegangenes Kind mit einer Chromosomenaberration,
> Risiko einer monogenen Erkrankung, die pränatal diagnostiziert werden kann,
> balancierte Translokation bei einem Elternteil,

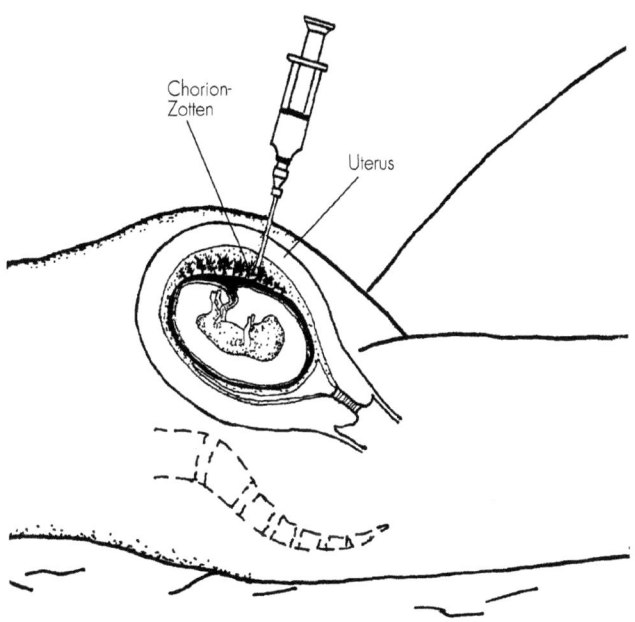

Abb. 54. Technische Durchführung der Chorionzottenbiopsie.

Risiko eines Neuralrohrdefektes bzw. einer Anenzephalie.

Indikationen für die Fetoskopie:
Risiko eines genetisch bedingten Hautleidens,
Risiko einer seltenen Stoffwechselkrankheit, die nur in Leberzellen nachweisbar ist.

Indikationen für die Nabelschnurpunktion:
Risiko einer Fetalinfektion, z. B. Rötelninfektion der Mutter während der Schwangerschaft,
Bestätigung einer vorangegangenen Untersuchung aus Fruchtwasser oder Chorionzotten,
Risiko von Krankheiten, die nur in fetalem Blut diagnostiziert werden können.

Im mütterlichen Blut kann mit einer Treffsicherheit von 90 % ein Anenzephalus und von ca. 70 % auch eine Spina bifida (offener Rücken) erkannt werden. Durch einen sog. Triplettest, d.h. die Bestimmung von Alpha-Fetoprotein, Östriol und HCG (Choriongonadotropin), kann das individuelle Risiko für das Down-Syndrom während der Schwangerschaft präziser ermittelt werden.

Eine Reihe von äußeren und inneren Organfehlbildungen kann mit Hilfe einer *Ultraschalldiagnostik* rechtzeitig erkannt werden. Die Treffsicherheit der Ultraschalluntersuchung ist trotz der Entwicklung empfindlicher Geräte beschränkt, kann aber durch eine Untersuchung mit gezielter Fragestellung und Zusammenarbeit mit verschiedenen Spezialisten optimiert werden. Einige Fehlbildungen, die durch Ultraschalluntersuchung erkannt werden können sind folgende:

- *Fehlbildungen der inneren Organe:* Anoraktalatresie, Ösophagusatresie, Gastroschisis, Omphalozele, Zwerchfelldefekt, Nierendysgenesie, Nierendysplasie, polyzystische Nieren, obstruktive Uropathie, Herzfehler.
- *ZNS-Fehlbildungen:* Anenzephalus, Enzephalozele, Hydrozephalus, Mirkozephalie, Holoprosenzephalie, Choroidzyste, Dandy-Walker-Malformation, Balkenagenesie.
- *Skelettfehlbildungen:* Radius- und Ulnardefekt, transversale Defekte, Polydaktylie, Skelettdysplasien, Spalthand/-fuß, kurze Rippen, Anomalie der Wirbelsäule.
- *Fetale Tumoren:* Teratome, Lymphangiektasien, zystische Hygroma, Rhabdomyosarkom, Neuroblastom.

19 Erklärung der Fachbegriffe

Allel Verschiedene Formen eines Gens.
Alzheimer'sche Krankheit Präsenile, um das 50. Lebensjahr auftretende, unaufhaltsam fortschreitende Demenz. Degenerative Erkrankung der Großhirnrinde.
Aminosäuren Wichtige Bausteine der Eiweißkörper.
Amniozentese Entnahme von Fruchtwasser (meist ab der 14. Schwangerschaftswoche).
Anenzephalie Angeborenes, vollständiges oder weitgehendes Fehlen des Gehirns.
Antigene Substanzen, die in einem Organismus eine Immunantwort auslösen (z. B. Bildung von Antikörpern). Dies sind Fremdeiweißkörper, Bakterien und ihre Toxine, Viren, Blutkörperchen und tierische und pflanzliche Gifte. Die Bedeutung von Antigen hat keinerlei Zusammenhang mit der Bedeutung von Gen.
Antikörper Lösliche oder in der Zellmembran gebundene Proteine, die beim Menschen oder höheren Wirbeltieren als Immunanwort nach dem Zusammentreffen mit einer fremden Substanz (Antigen) gebildet werden und spezifisch reagieren.
Antizipation Der zunehmende Schweregrad oder die frühe klinische Manifestation einer genetisch be-

dingten Krankheit bei aufeinanderfolgenden Generationen.

Atresie Angeborene fehlende Öffnung oder Mündung eines Hohlorgans, z. B. Gefäße, Magen-Darm-Kanal, Ausführorgane etc.

Autoimmunerkrankungen Durch Autoantikörper, die gegen die eigenen Körperzellen wirken, verursachte Krankheit.

Autosomal-dominante Vererbung Vererbungsmodus von dominant wirkenden Genen, die auf den Autosomen lokalisiert sind.

Autosomal-rezessive Vererbung Vererbungsmodus von rezessiv wirkenden Genen, die auf den Autosomen lokalisiert sind.

Autosomen Alle Chromosomen eines Chromosomensatzes mit Ausnahme der Geschlechtschromosomen.

Blastulation Entstehung eines hohlen, aus Zellen bestehenden Körpers aus dem befruchteten Ei, in dessen Inneren sich eine durch Zellsekretion entstehende Flüssigkeit befindet.

Centimorgan (cM) Maß für die Entfernung zwischen DNA-Loci.

Centriolen Zentralkörperchen, meist doppelt in der Zelle vorkommende Körperchen, die sich noch vor der eigentlichen Kernteilung teilen. Sie sind für die Ausbildung der Kernspindel verantwortlich.

Chiasma Überkreuzung von Nicht-Schwesterchromatiden.

Chorionzotten Teil der Zottenhaut, einer die Frucht schützenden und nährenden Embryonalhülle mit Zotten an der ganzen Oberfläche. Die Zottenhaut leitet sich in der Entwicklung vom Embryo ab.

Chorionzottenbiopsie Entnahme von Chorionzotten während der Schwangerschaft (meist ab 9. Schwangerschaftswoche) zwecks pränataler Diagnostik.

Chromatiden Sichtbar getrennte Untereinheiten aller verdoppelten Chromosomen. Chromatiden eines Chromosoms nennt man Schwesterchromatiden, Chromatiden homologer Chromosomen Nicht-Schwesterchromatiden.

Chromosomenaberrationen Strukturelle und/oder numerische Veränderungen der Chromosomen.

Chromosomenfehlverteilungen Veränderung der Chromosomenzahl in einer Zelle oder einem Individuum.

Chromosomenmutation Jede mikroskopisch sichtbare und dauerhafte Veränderung der Struktur der Chromosomen.

Codon Nukleotidtriplett, das eine Aminosäure auf der Messenger-RNA kodiert.

Crossing-over Der gegenseitige Austausch von Chromosomensegmenten an sich entsprechenden Positionen von homologen Chromosomenpaaren.

Deletion Verlust eines DNA- oder Chromosomenabschnittes.

diploid Wird zur Beschreibung eines doppelten, d.h. eines vollständigen Chromosomensatzes im Zellkern benutzt. Dabei stammt jeweils ein Chromosomensatz von der Mutter und einer vom Vater.

Dominanz Man spricht von Dominanz, wenn ein einfach vorhandenes Gen bereits zu einer erkennbaren Wirkung führt.

Dysmorphie Äußere Abweichungen oder Auffälligkeiten mit oder ohne Organfehlbildungen.

Embryologie Lehre von der Entwicklung eines Individuums beginnend von der Keimesentwicklung bis zur Geburt.

Exon Kodierender Teil der DNA bzw. m-RNA.

Gastrulation Bildung eines Keims aus zwei Keimblättern.

Gene DNA-Abschnitte, die die gesamte biologische Information beinhalten und deren Bearbeitung steuern.

Genmutation Veränderung innerhalb der Grenzen eines Gens.

Genom Das gesamte genetische Material eines Organismus oder einer Zelle.

Genomische Prägung (Genomic Imprinting) Unterschiedliche Prägung oder Bedeutung der Gene in Abhängigkeit vom Geschlecht der übertragenden Elternteils.

Genommutation Mutation, bei der pro Zelle ein oder mehrere Chromosomen zuviel oder zuwenig sind.

Genotyp Gesamtheit aller Erbanlagen eines Menschen.

Genotypendiagnostik Nachweisverfahren zur Erkennung oder zum Ausschluß von Erkrankungen, die nach den Mendelschen Regeln vererbt werden.

Gentechnologie Sammelbegriff für die modernen DNA-Techniken, die sich mit der Übertragung von Genen auf andere Organismen befassen.

Gentherapie Ein Verfahren, das das Ziel hat, die genetischen Erkrankungen durch Einschleusung des intakten Gens in die Zellen zu behandeln.

Gonosomen Geschlechtschromosomen (im Gegensatz zu den Autosomen).

haploid Zellen, die nur mit einem einfachen Chromosomensatz ausgestattet sind.

hemizygot Wenn nur eine Kopie eines bestimmten Genes vorhanden ist, z. B. alle Gene auf dem X-Chromosom des Mannes.

heterozygot (mischerbig) Das Vorhandensein von zwei verschiedenen Genformen an sich entsprechenden Orten eines Chromosomenpaares.

HLA (Human Leucocyte Antigene) In der Membranoberfläche jeder Körperzelle eingebaute Antigene. Sie sind an Abwehrreaktionen beteiligt und für die Gewebsverträglichkeit bei Organtransplantationen entscheidend.

Homeobox-Gene Gene, welche die embryonale Entwicklung, insbesondere die Körpergestaltung entlang der Längsachse des Embryos, festlegen.

homozygot (reinerbig) Das Vorhandensein von zwei identischen Genformen an sich entsprechenden Orten eines Chromosomenpaares.

Hydrocephalus Wasserkopf infolge eines angeborenen oder erworbenen Mißverhältnisses zwischen Liquorproduktion und -resorption.

Hypoglykämie Herabgesetzter Blutzuckerspiegel.

Hypokalzämie Verminderter Kalziumgehalt im Blut.

Intron Nichtkodierender Teil der DNA.

Karyotyp Summe aller Chromosomen einer Zelle, die nach bestimmten Kriterien analysiert werden.

Keimzelltherapie Methode zur Übertragung von Genen in die befruchtete Eizelle unter therapeutischen Kriterien. Dieser Eingriff würde auch Auswirkungen auf die folgenden Generationen haben.

Klonierung Vermehrung von bestimmten DNA-Segmenten durch Einsetzen in Viren oder Plasmide.

Letalität Sterblichkeit bzw. bei einer Krankheit Sterbewahrscheinlichkeit.

Ligase   Enzym, das zwei DNA-Ketten verknüpft.
Meiose   Gesamtheit der Vorgänge, die den doppelten Chromosomensatz der Körperzellen zum einfachen Satz der reifen Keimzellen reduzieren.
Melanom   Bösartiges Geschwulst aus melaninproduzierenden Zellen. (Melanin = dunkler Farbstoff, der in der Haut als Strahlenschutz bei starker Sonnenbestrahlung gebildet wird.)
Messenger-RNA (m-RNA)   Boten-RNA, die die Information der DNA ins Plasma überträgt.
Metabolismus   Stoffwechsel, alle Vorgänge von Aufnahme, Einbau, Abbau, Verbrennung und Ausscheidung von Nahrungsmitteln oder anderen Substanzen.
Mikrozephalie   Abnorm kleiner Kopfumfang aufgrund verschiedener Ursachen, z. B. primäre Fehlentwicklung des Gehirns usw.
Mitochondriale Vererbung   Vererbungsmodus durch in den Mitochondrien lokalisierte Gene.
Mitochondrien   Körperchen im Inneren von Zellen, in denen der größte Teil des Energiestoffwechsels der Zelle abläuft.
Mitose   Kernteilung, die zur Produktion von Tochterkernen führt, die identische Chromosomenzahlen enthalten und genetisch unter sich und zum Elternkern, von dem sie abstammen, identisch sind.
Molekül   Baustein der Materie. Es ist der aus Atomen bestehende kleinste selbständige Teil einer chemisch einheitlichen Substanz.
Monosomie   Das Fehlen von einem oder mehreren Chromosomen in einem sonst diploiden Chromosomensatz (z. B. 2n-1).
Mukoviszidose   Synonym für zystische Fibrose.
Multifaktorielle Vererbung   Vererbung durch das Zusammenwirken vieler Gene und Umweltfaktoren.

Mutagene Mutationserzeugende Stoffe; dazu gehören bestimmte Chemikalien (auch aus der Gruppe der Pharmaka) und ionisierende Strahlen.

Mutation Jede erkennbare erbliche Veränderung im genetischen Material, die auf die Tochterzellen vererbt wird.

Non disjunction Irreguläre Verteilung von Schwesterchromatiden oder homologen Chromosomen. Die Folge sind Zellen mit einem oder mehreren Chromosomen zuviel oder zuwenig.

Nukleotid Grundbaustein der Nukleinsäure.

Nukleus Zellkern.

Onkoviren Geschwulstbildende Viren mit RNA als Erbsubstanz.

Oogenese Entwicklung der Eizelle von den Urkeimzellen ausgehend.

Oozyte Eizelle, die sich aus diploiden Urkeimzellen im Ovarium entwickelt. Sie besitzt einen einfachen Chromosomensatz und geht bei Nichtbefruchtung ca. 24 Stunden nach der Ovulation zugrunde.

PCR (Polymerasekettenreaktion) Eine schnelle und gezielte Methode zur Vervielfältigung einer bestimmten DNA-Sequenz.

Penetranz Anteil (in %) mit dem ein Gen sich im Phänotyp des Trägers manifestiert. Die Penetranz gibt also den Prozentsatz der wirklich Erkrankten an.

Phänotyp Summe aller Merkmale eines Individuums, der durch den Genotyp in Zusammenwirken mit Umwelteinflüssen geprägt wird. Gemeint sind hier nicht nur die äußeren, sondern auch die biochemischen Merkmale wie Proteine, Blutgruppen und DNA-Muster.

Plasmid Extrachromosomale DNA in Bakterien, die sich selbständig vermehren kann.
Polygene Vererbung Vererbungsmodus, der durch das Zusammenspiel vieler Gene gekennzeichnet ist.
Polyhydramnion Sehr starke, krankhafte Fruchtwasservermehrung.
Pränataldiagnostik Vorgeburtliche Diagnostik z. B. durch Fruchtwasseruntersuchung oder Untersuchung an Chorionzotten.
Processing Veränderung der abgelesenen m-RNA.
Proliferation Vermehrung von Gewebe.
Promotor Sequenz auf der DNA, an der die Transkription, die Übertragung der Information auf m-RNA, startet.

Rekombination Neukombination von Genen auf einem Chromosom durch Austausch gleicher Genorte von Nicht-Schwesterchromatiden.
Reparaturmechanismen Verschiedene molekulare Mechanismen zur Korrektur von Fehlern, die bei der Replikation der DNA entstanden sind.
Replikation Ablesung und Speicherung von genetischer Information auf einen neuen Informationsträger.
Restriktionsenzyme Enzyme, die spezifische DNA-Sequenzen erkennen und schneiden.
Restriktionsfragmentlängenpolymorphismus (RFLP) Längenvariabilität von mit Restriktionsenzymen geschnittenen DNA-Fragmenten.
Retroviren Viren, deren Erbsubstanz aus RNA besteht und die mit Hilfe eines Enzyms DNA aus RNA synthetisieren.
Reverse Genetics Eine Bezeichnung für molekulargenetische bzw. gentechnologische Analyseverfahren, bei denen der herkömmliche Prozess von genetischer Analyse umgekehrt durchgeführt wird. Mit

Hilfe dieser Methode kann ein völlig unbekanntes Gen aufgrund seiner Lokalisation identifiziert werden.

rezessiv Ein Gen wird als rezessiv bezeichnet, wenn es erst im reinerbigen Zustand eine deutlich erfaßbare Wirkung zeigt.

Ribonukleinsäure Aufgebaut aus Nukleotiden sehr ähnlich der DNA. RNA ist im Gegensatz zu dieser meist einsträngig. Sie dient den Prozessen der Transkription und Translation, die durch verschiedene RNA-Typen bewerkstelligt werden.

Ribosom Zellkörperchen, aus RNA und Proteinen zusammengesetzt, das eine wesentliche Rolle als universelle "Druckmaschine" bei der Proteinsynthese spielt.

Ribosomale RNA (r-RNA) In den Ribosomen lokalisierte Ribonukleinsäure.

Somatische Gentherapie Korrektur von genetischen Defekten durch Einschleusung von Genen in Körperzellen. Diese Therapie beschränkt sich auf das betroffene Individuum.

Southern-Blot-Hybridisierung Molekulargenetische Untersuchungsmethode zur Erkennung spezifischer DNA-Sequenzen.

Spermatogenese Entwicklung des Spermiums von den Urkeimzellen ausgehend.

Splicing Herausschneiden nicht-kodierender Sequenzen aus der m-RNA.

Stammzellen Nicht ausdifferenzierte Zellen, die Teilungs- und Entwicklungsfähigkeit besitzen.

T-Zellen Gehören zu den Lymphozyten und sind vorwiegend an der zellulären Immunität beteiligt.

Teratogene Faktoren (chemische, physikalische), die zu embryonalen Entwicklungsstörungen führen.

Terminator Ende eines Gens.
Testes Hoden.
Thalassämie Anämie, die durch eine ungenügende oder fehlende Synthese der einen oder anderen Hämoglobinkette gekennzeichnet ist.
Transfer-RNA (t-RNA) Ribonukleinsäure, die die Aminosäuren zu den Ribosomen befördert.
Transgene Mäuse Labormäuse, die ein zusätzliches Gen tragen, welches in die befruchtete Eizelle übertragen wurde.
Transkription Kopierung der DNA-Information durch m-RNA.
Translation Umsetzung der m-RNA Information in Protein.
Triplett-Raster-Code Code mit einem Leseraster, das aus drei Nukleotiden besteht, welche jeweils eine Aminosäure kodieren.
Trisomie Das Vorhandensein von einem Extrachromosom innerhalb eines sonst normalen diploiden Chromosomensatzes.

Vektor Überträger, im vorliegenden Fall von DNA-Fragmenten.

X-chromosomale Vererbung Vererbung von Genen, die auf dem X-Chromosom lokalisiert sind. Die Art der Genwirkung kann dominant oder rezessiv sein.

Zygote Befruchtete Eizelle.
Zystische Fibrose (Mukoviszidose) Autosomal-rezessive Erkrankung. Es liegt eine Störung der Ausscheidung von Drüsenabsonderungen mit zunehmenden Veränderungen der Bauchspeicheldrüse, der Bronchien und anderer exokriner Drüsen vor.
Zytoplasma Von der Zellmembran umgebener Teil der Zelle ohne den Zellkern.

Anhang

Humangenetische Beratungsstellen und Laboratorien in Deutschland

Lehr- und Forschungsgebiet
Klinische Cytogenetik
Med. Fakultät der RWTH
Pauwelsstr. 30
52057 Aachen
Tel. 0241/8089591
Fax: 024/8088314

Dr. Jörg Lüdcke
Brunnenweg 12
31061 Alfeld
Tel. 05181/5852

Dr. Dagmar Vögtel
Medizinische Genetik
Bismarckstr. 5
86159 Augsburg
Tel. 0821/565971
Fax 0821/595926

Dr. M. Brackertz
Medizinische Genetik
Erlichstr. 15
96050 Bamberg
Tel. 0951/12059
Fax 0951/12050

Institut für Medizinische Genetik des Bereichs Medizin (Charité) der Humboldt-Universität zu Berlin
Luisenstr. 13a
10117 Berlin
Tel. 030/28023302

Institut für Humangenetik
der FU Berlin
Heubnerweg 5
14059 Berlin
Tel. 030/30354376
Fax 030/30354613

Humangenetische Beratungsstelle
II. Kinderklinik des Klinikums
Berlin-Buch
Wittbergstr. 50
13122 Berlin
Tel. 030/9403221/2131/3094
Fax 030/94014520

Dr. Ines Schulzke
Drakestr. 42
12205 Berlin
Tel. 030/ 8316609
Fax 030/8316609

Abteilung für Klinische Humangenetik
Ruhr-Universität Bochum
Postfach 102148
44721 Bochum
Tel. 0234/7005600

Institut für Genetik
Abteilung für Molekulare Humangenetik
Ruhr-Universität Bochum
Postfach 102148
44721 Bochum
Tel. 0234/7003839
Fax 0234/7094196

Institut für Humangenetik
der Universität
Wilhelmstr. 31
53111 Bonn
Tel. 0228/2872346/2347
Fax 0226/2872380

Humangenetische Beratungsstelle
Institut für Laboratoriumsdiagnostik
Hochstr. 29
14770 Brandenburg
Tel. 03381/361661/660
Fax 03381/361635

Zentrum für Humangenetik
und Genetische Beratung
Leobener Str. ZHG
28359 Bremen
Tel. 0421/2182589/2390/2877
Fax 0421/2184039

Hauptgesundheitsamt
Humangenetische Beratungsstelle
Horner Str. 97
Postfach 105009
28050 Bremen
Tel. 0421/36110023
Fax 0421/36115554

Abt. Klinische Genetik und
Pränataldiagnostik
Frauenklinik
Flemmingstr. 4
09116 Chemnitz
Tel. 0371/332220
Fax 0371/332121

Zentrum für Genetische Beratung
An den Städt. Kliniken
Beurhausstr. 40
44137 Dortmund
Tel. 0231/16933
Fax 0231/16935

Institut für Klinische Genetik
Univ.-Klinikum »Carl-Gustav-Carus«
der TU Dresden
Fetscherstr. 74
01307 Dresden
Tel. 0351/4583445
Fax 0351/4584316

Abteilung für Kinderheilkunde
St. Marien-Hospital Düren
Humangenetische Beratungs-
stelle
Hospitalstr. 44
52330 Düren
Tel. 02421/805395
Fax 0241/085372

Institut für Humangenetik und
Anthropologie
Medizinische Einrichtungen
der Heinrich-Heine-Universität
Postfach 101007
40001 Düsseldorf
Tel. 0211/3112355/3963
Fax 0211/3112856

Dr. G. Vörg
Hauptstr. 137
69214 Eppelheim
Tel. 06221/764548

Medizinische Akademie Erfurt
Abt. Medizinische Genetik
Arnstädter Str. 34
99096 Erfurt
Tel. 0361/387238
Fax 0361/387209

Institut für Humangenetik
der Universität Erlangen-Nürn-
berg
Schwabachanlage 10
91054 Erlangen
Tel. 09131/852318
Fax 09131/209297

Institut für Humangenetik
Universitätsklinikum Essen
Hufelandstr. 55
45122 Essen
Tel. 0201/7234560/4561
Fax 0201/7235900

Humangenetische Poliklinik
der Universität
Theodor-Stern-Kai 7
60590 Frankfurt/Main
Tel. 069/63015678
Fax 069/63016002

Dr. Schmidt-Elmassy
Zelterstr. 42
60529 Frankfurt/Main
Tel. 069/355137
Fax 069/350493

Klinikum Frankfurt/Oder
Humangenetische Abteilung
Zytogenetisches Labor
Klinik für Kindermedizin
Müllroser Chaussée 7
15236 Frankfurt/Oder
Tel. 0335/6308067

Institut für Humangenetik
und Anthropologie der Universität
Breisacherstr. 33
79106 Freiburg
Tel. 0761/2707056
Fax 0761/2707041

Dr. Schulte-Valentin
Dr. Schindler
Brunnenstr. 6
79098 Freiburg
Tel. 0761/388320
Fax 0761/3883232

Dr. Heidrun Kunze
Ahrstr. 2–4
45879 Gelsenkirchen
Tel. 0209/206882

Institut für Humangenetik
der Universität
Schlangenzahl 14
35392 Gießen
Tel. 0641/7024145/46
Fax 0641/7024158

Institut für Humangenetik
der Universität
Goßlerstr. 12d
37073 Göttingen
Tel. 0551/397591
Fax 0551/399303

Dr. Wiedeking
Bühlstr. 28a
37073 Göttingen
Tel. 0551/46755
Fax 0551/45635

Institut f. Medizinische Genetik
Ernst Moritz Arndt Universität
Fleischmannstr. 42–44
17489 Greifswald
Tel. 03834/883306
Fax 03834/883355

Dr. Bartsch-Sandhoff
Enzianweg 19
83677 Greiling
Tel. 08041/6148
Fax 08041/41013

Dr. Buchinger
Vorstadt 3
67269 Grünstadt
Tel. 06359/82088

Institut für Humangenetik
und Medizinische Biologie
Medizinische Fakultät
der Martin-Luther-Universität
Halle-Wittenberg
Universitätsplatz 7
06097 Halle
Tel. 0345/24966/832414/23333
Fax 0345/29515

Institut für Humangenetik
der Universität
Martinstr. 52
20246 Hamburg
Tel. 040/47173125
Fax 040/47175098

Dr. Koske-Westphal
Bergstr. 14
20095 Hamburg
Tel. 040/309550
Fax 040/3095513

Dr. Marschner-Schäfer
Dr. Dirk Masson
Altonaer Str. 63
20357 Hamburg
Tel. 040/436520/4395512
Fax 040/4394084

Abteilung für Humangenetik
Medizinische Hochschule
Konstanty-Gutschow-Str. 8
30625 Hannover
Tel. 0511/5326533
Fax 0511/5325865

Dr. Bernd Schulze
Priv.-Doz. Dr. Angela Schmidt
Schierholzstr. 132
30655 Hannover
Tel. 0511/587088
Fax 0511/582828

Institut für Humangenetik
und Anthropologie
der Universität Heidelberg
Im Neuenheimer Feld 328
69120 Heidelberg
Tel. 06221/563891
Fax 06221/563898

Institut für Humangenetik
der Universität des Saarlandes
Univ.-Kliniken, Bau 68
66421 Homburg/Saar
Tel. 06841/166605/606
Fax 06841/166600

Priv.-Doz. Dr. E. Gödde
Medizinische Genetik
Friedenstr. 7
58642 Iserlohn
Tel. 02374/169195
Fax 02374/10175

Beratungsstelle für Humangenetik
Institut für Anthropologie
und Humangenetik
Bereich Medizin
Friedrich Schiller Universität
Kollegiengasse 10
07740 Jena
Tel. 03641/8224268/82–0
(Zentrale)
Fax 03641/8224285

Dr. Gey
Leipziger Str. 113
34123 Kassel
Tel. 0561/928999
Fax 0561/9289914

Institut für Humangenetik
der Christian-Albrechts-
Universität zu Kiel
Schwanenweg 24
24105 Kiel
Tel. 0431/5971776
Fax 0431/5971880

Priv.-Doz. Dr. Uta Burck-Lehmann
Getreideweg 20
50933 Köln
Tel. 0221/495603
Fax 0221/492033

Dr. Blandfort
Marktstr. 35
76829 Landau
Tel. 06341/80029

Dr. G. du Bois
Medizinische Genetik
Stadionstr. 6
70771 Leinfelden-Echterdingen
Tel. 0711/7942888
Fax 0711/796805

Universitätsklinikum
Institut für Humangenetik
Ph.-Rosenthal.-Str. 55
04103 Leipzig
Tel. 0341/88280
Fax 0341/6880304

Dr. Haas-Andela
Kurt-Schumacher-Str. 11
35440 Linden
Tel. 06403/68400
Fax 06403/68402

Institut für Humangenetik
Klinikum der Medizinischen
Universität Lübeck
Ratzeburger Allee 160
23538 Lübeck
Tel. 0451/5002620/2621
Fax 0451/5004187

Abteilung Humangenetik
Klinik für Kinderheilkunde /
Med. Akademie
Leipziger Str. 44
39120 Magdeburg
Tel. 0391/677201
Fax 0391/672066

Genetische Beratungsstelle
des Landes Rheinland-Pfalz
Hafenstr. 6
55118 Mainz
Tel. 06131/679055
Fax 06131/675825

Prof. Dr. E. Schleiermacher
Hegelstr. 59
55112 Mainz
Tel. 06131/374420/392871
Fax 06131/374423

Dr. Jürgen Greiner
Mollstr. 49a
68165 Mannheim
Tel. 0621/413136
Fax 0621/417609

Dr. Marion Paul
P7,4 (Kurfürsten-Passage)
68161 Mannheim
Tel. 0621/16000
Fax 0621/21151

Labor für Pränataldiagnostik
Brunnhildestr. 10
68199 Mannheim
Tel. 0621/822742
Fax 0621{827484

Medizinisches Zentrum
für Humangenetik
der Universität
Bahnhofstr. 7a
35033 Marburg
Tel. 06421/282213
Fax 06421/285630

Medizinisches Zentrum
für Hautkrankheiten
Arbeitsgruppe Genetik
und Dermatologie
Deutschhausstr. 9
35037 Marburg
Tel. 06421/282900
Fax 06421/282902

Labor für pränatale Diagnostik
Neuer Markt 18
53340 Meckenheim
Tel. 02225/14499
Fax 02225/18356

Abteilung für pädiatrische Genetik und pränatale Diagnostik der Kinderpoliklinik
Universität München
Goethestr. 29
80336 München
Tel. 089/51604476
Fax 089/51604468

Genetische Beratungsstelle im
Kinderzentrum
Heiglhofstr. 63
81377 München
Tel. 089/71009-318
Fax 089/71009-248

Genetische Beratungsstelle
der Gesundheitsbehörde
München
Karlstr. 40
80333 München
Tel. 089/5207429

Dr. Sabine Minderer
Lachnerstr. 20
80639 München
Tel. 089/1221440
Fax 089/12214499

Dr. C. Waldenmeyer
Dr. Angela Ovens-Raeder
Labor f. genetische Diagnostik
Theolindenstr. 97
81545 München
Tel. 089/6422602/640090
Fax 089/6423321

Institut für Humangenetik
Vesaliusweg 12–14
48149 Münster
Tel. 0251/835424/5422
Fax 0251/836995

Abteilung Humangenetik
und Genetische Familien-
beratung
Klinikum Neubrandenburg
Allendestraße
17036 Neubrandenburg
Tel. 0395/752946/2947
Fax 0395/752329

Dr. Meisel-Stosiek
Bahnhofstr. 2
92318 Neumarkt
Tel. 09181/7755
Fax 09181/7122

Dr. Karl Mehnert
Ludwigstr. 17
89231 Neu-Ulm
Tel. 0731/724033
Fax 0731/78388

Dr. Kossakiewicz
Frauenärztin
Medizinische Genetik
Bayreuterstr. 11
90409 Nürnberg
Tel. 0911/555655
Fax 0911/533795

Dr. P. Aldenhoff
Kirchstr. 10
23896 Nusse
Tel. 04543/7415

Abteilung für Klinische
Genetik und Cytologie
am evangel. Krankenhaus
Oberhausen
Virchowstr. 20
46047 Oberhausen
Tel. 0208/8216551

Oldenburger Frauenklinik
Abteilung für Klinische Gene-
tik und Cytogenetik
Dr. Eden-Str. 10
26133 Oldenburg
Tel. 0441/4032406
Fax 0441/4032406

Dr. Klasen
Klinische Genetik
Abt. f. Geburtshilfe und Gynä-
kologie, Marienhospital
Johannisfreiheit 2–4
49074 Osnabrück
Tel. 0541/3264214/4217
Fax 0541/326257

Institut für Medizinische
Genetik
Städt. Kliniken Osnabrück
Caprivistr. 1
49076 Osnabrück
Tel. 0541/45953

Dr. Reinhold Sigmund
Tittlinger Str. 7
94034 Passau
Tel. 0851/50088
Fax 0851/52314

Dr. M. Pruggmayer
Cytogenetisches Labor
Bahnhofstr. 5
31224 Peine
Tel. 05171/48371 (Labor)
05171/3775 (Praxis)
Fax 05171/12171

Dr. Susanne Klösser
Roritzerstr. 2
93047 Regensburg
Tel. 0941/53710
Fax 0941/53708

Dr. Florian Fuchs
In der Abtswiese 14
78479 Reichenau
Tel. 07534/7252
Fax 07534/7833

Universität Rostock
Medizinische Fakultät
Kinderklinik / Medizinische
Genetik
Postfach 100888
18055 Rostock
Tel. 0381/396733/890
Fax 0381/396874

Humangenetische Beratungsstelle
Wismarsche Straße 289
19053 Schwerin
Tel. 0385/817379 (Di und Fr
9–12 h) sonst 892723
Fax 0385/ 892007/2008

Abt. für Klinische Genetik
Städt. Frauenklinik
Obere Straße 2
70190 Stuttgart
Tel. 0711/2632206
Fax 0711/2632200

Humangenetische Beratungs-
stelle
Klinikum Suhl
Albert-Schweitzer-Str. 2
98503 Suhl
Tel. 03681/356350
Fax 03681/355201

Praxis Dr. Busse
Hauptstr. 11
83684 Tegernsee
Tel. 08022/1411
Fax 08022/1569

Abteilung Klinische Genetik
der Universität
Wilhelmstr. 27
72074 Tübingen
Tel. 07071/296458
Fax 07071/296406

Sektion Genetische Beratung
Abteilung Klinische Genetik
der Universität
Frauenstr. 29
89073 Ulm
Tel. 0731/5025205/5200
Fax 0731/5025206

Dr. Tettenborn
Neue Straße 40
89073 Ulm
Tel. 0731/601091
Fax 0731/65572

Dr. Spiegel
Langgasse 73–75
35576 Wetzlar
Tel. 06033/60016
Fax 06033/60017

Institut für Humangenetik der
Universität
Genetische Beratungsstelle
Biozentrum
Am Hubland
97074 Würzburg
Tel. 0931/8884075
Fax 0931/8884069

Dr. W. Schmitt
Frauenarzt / Medizinische Genetik
Juliuspromenade 7
97070 Würzburg
Tel. 0931/12828/12838

Abteilung für Medizinische Genetik und
pränatale Diagnostik / Humangenet. Beratungsstelle
am Städt. Klinikum »Heinrich Braun«
Karl-Keil-Str. 35
Postfach 10 00 10
08012 Zwickau
Tel. 00375/512575/183
Fax 0375/529551

▓ Genetische Beratungsstellen in Österreich

Genetische Beratungs- und
Untersuchungsstelle
Schwarzpanierstr. 17
A-1090 Wien
Tel. 0222/431526/274

Genetische Beratungsstelle der
II. Universitäts-Frauenklinik
Wien
Spitalgasse 23
A-1090 Wien
Tel. 0222/40400/2919

Genetische Beratungsstelle der
II. Med. Universitätsklinik
Alser Str. 4, 9 / Hof
A-1090 Wien
Tel. 0222/4800/2133/2148

Univ.-Prof. Dr. L. Hohenauer
Facharzt für Kinderheilkunde
und Neuropsychiatrie des Kindesalters
Weißenwolffstr. 1
A-4020 Linz
Tel. 0732/276672

Kinderspital Salzburg
Müllner Hauptstr. 48
A-5020 Salzburg
Tel. 0662/31581

Institut für Medizinische Biologie und Humangenetik
Schöpfstr. 41
A-6020 Innsbruck
Tel. 0512/507/2381

Genetische Beratungs- und Untersuchungsstelle
Harrachgasse 21/8
A-8010 Graz
Tel. 0316/37020

▓ Genetische Beratungsstellen in der Schweiz

Genetische Laboratorien
Kinderspital Basel
Römergasse 8
CH-4005 Basel
Tel. 061/6912626

Abt. für Medizinische Genetik
Universitäts-Kinderklinik
Freiburgstr. 23
CH-3010 Bern
Tel. 031/649482

Département de Pédiatrie
et de Génétique
Institut Universitaire
de Génétique Medicale
9, Avenue de Champel
CH-1211 Genève 4
Tel. 022/229164/62

Division autonome
de génétique medicale
CHUV
CH-1011 Lausanne

Institut für Medizinische Genetik
der Universität Zürich
Rämistr. 74
CH-8001 Zürich
Tel. 01/2572521/22

Abbildungsnachweis

1 Gebhardt H (1978) Du armer Hund. Gruner & Jahr, Hamburg
2 Mann W (1992) Erinnerungen an Johann Gregor Mendel. Mit freundlicher Genehmigung der Mendel-Familie. Darmstadt
13 Aus der Abteilung Zytogenetik des Instituts für Humangenetik und Anthropologie der Universität Heidelberg
15 Mit freundlicher Genehmigung von T. Cremer, Instituts für Humangenetik und Anthropologie der Universität Heidelberg
37 Nach Wolstenhome D, Koike K, Chochran-Fouts P (1973) Cold Harbor Symp. Quant Biol 38:267–280

Sachverzeichnis

A
AIDS 110, 116, 156
Alkohol 162
Alzheimer-Krankheit 3
Aminosäuren 24, 50
Amniozentese 198 ff.
Antibiotika 160
Anticodon 50
Antikonvulsiva 160
Antizipation 132
Arteriosklerose 179
Autosomen 34

B
Befruchtung 2, 37
Blutdruck 179
Bluterkrankheit 116
Bluthochdruck 180

C
Carter-Effekt 143
CF-Gen 129
Chiasmata 60, 63
Chorionzottenbiopsie 197 ff.
Chromatiden 53
Chromosomen 4, 30, 34
– in der Meiose 56 ff.
– in der Mitose 53 ff.
– Mensch 34 ff.

Chromosomenanomalien 144, 148, 188
– strukturell 148 ff.
Chromosomendarstellung 37
Chromosomeninstabilität 152
Chromosomenmutationen 68 ff., 71
Chromosomen-Painting 39
Code Sonne 26
Codon 25, 26
Contergan 159

D
Desoxyribonukleinsäure 1, 20 ff.
Determinationshypothese 165
Diabetes mellitus 157
DNA 1–2, 17, 20 ff., 30, 41 f., 74, 189
– Basen 22 ff.
– chemische Struktur 20 ff.
– Funtion 42
– Reparatur 42 f., 74
– Replikation 41
Dominanz 14
Doppelhelix 20, 22, 41
Down-Syndrom 145, 183
Drogen 162

E
elterliche Prägung   140
embryonale Entwicklung   164
Epilepsie   158, 177
Erbfaktoren   1
Erbsubstanz   1, 19
Erkrankungen
– autosomal-dominante   131 ff.
– autosomal-rezessive   127 ff., 148 f.
– mitochondriale   125, 154 f.
– monogene   125 ff.
– multifaktorielle   125, 142 ff.
– X-chromosomale   134 ff.

F
Familienanamnese   18

G
geistige Behinderung   170
Gen   2, 13, 40
– Definition   27 ff., 68
– Funktion   40
– Medikamente   98 ff.
– Mutationen   68 f.,.73
Genetische Beratung   192 ff.
Genom   29
Genommutationen   68 ff.
genomische Prägung   139
Genotyp   15
Genotypendiagnostik   103 ff.
Gentechnologie   5, 95
Gentherapie, somatische   6, 109
– Keimzellen   121
Geschlecht, genetisch   36 f.
Giemsa-Bänderung   39
Gonosomen   34, 36–37

H
Herzfehler   169
Herzinfarkt   179
Hydrozephalus   168

I
Intelligenz   175
Ionisierende Strahlen   163

K
Karyogramm   34 f.
Keimzellmosaik   139
Klonierung   99
Krebserkrankungen   3, 181

L
Lippen-Kiefer-Gaumen-Spalte   169

M
manisch-depressive Geisteskrankheit   176
Martin-Bell-Syndrom   171–173
Medikamente   159
Meiose   56 f., 69
– der Frau   64
– des Mannes   65 f.
Mendelsche Gesetze   14
Messenger-RNA   45
Mikrodeletionssyndrome   153
Mitochondrien   92
Mitose   38, 52 ff., 69
Mukoviszidose   117, 128
Mutagene   69
Mutationen   42, 67 ff.
– indizierte   74
– somatische   138
Mütterliche Infektionen   156

N
Neumutationen 70, 74, 137
Neuralrohrdefekte 168
Neurosen 176
Nukleinsäure 20
Nukleosid 22
Nukleotid 22

O
Onkogene 181
Oogenese 58 f., 63

P
Penetranz 79, 131
Phänokopien 138
Phänotyp 15
Phenylketonurie 157
Polynukleotidstrang 24, 41–42
Präformationstheorie 165
Pränataldiagnostik 37, 196
Processing 46
Proteine 24, 43
Psychosen 176

R
Restriktionsfragmentlängen-polymorphismus 105 f.
Retinoide 161
Retroviren 110
reverse genetics 124
Rezessivität 14
Ribonukleinsäure 20
ribosomale RNA 45
Ribosomen 47
RNA 20, 43
– Basen 43
– chemische Strukturen 43 ff.
– Funktion 43. ff.

S
Schizophrenie 176
Schmerzmittel 159
Segregationsgesetz 15
Sexualhormone 160
Southern-Blot-Hybridisierung 103 ff.
Spaltungsgesetz 15
Spermatogenese 58–59, 63
Splicing 47
Stammbaum 76 f., 186

T
Transfer-RNA 45
Transkription 45 ff.
Translation 49
Triplett-Raster-Code 25

U
Ultraschalldiagnostik 200
Unabhängigkeitsregel 16
Uniformitätsgesetz 14

V
Vektor 98
Vererbung
– autosomal-dominante 77 f.
– autosomal-rezessive 80 ff.
– geschlechtsgebundene 84 ff.
– mitochondriale 92 ff.
– multifaktorielle 90 ff.
– mütterliche 92 ff.
– polygene 90
– X-Chromosal 83
– X-chromosomal-dominant 88 ff.
– X-chromosomal-rezessiv 84 ff.
Verwandtenehe 82 ff., 184
Vorgeburtliche Diagnostik 196 ff.

W
Warfarin 161

Z

Zellkern 30
Zellteilung 33
Zuckerkrankheit 178

Zygote 52
zystische Fibrose 117, 128
Zytostatika 161

1994. VII, 211 S. 65 Abb., 22 in Farbe. Brosch.
DM 29,80; öS 232,50; sFr 29,80
ISBN 3-540-57895-1 ▼

▲ 1994. IX, 182 S. 13 Abb., 12 in Farbe. Brosch. **DM 29,80**; öS 232,50; sFr 29,80
ISBN 3-540-57894-3

▲ 1994. XI, 223 S. 21 Abb. Brosch.
DM 29,80; öS 232,50; sFr 29,80
ISBN 3-540-57603-7

2. Aufl. 1994. IX, 254 S. 19 Abb. Brosch.
DM 34,80; öS 271,50; sFr 34,80
ISBN 3-540-57786-6 ▼

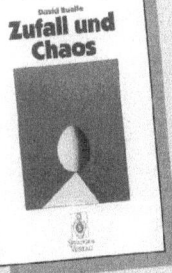

1994. IX, 238 S. 48 Abb., 19 in Farbe. Brosch.
DM 29,80; öS 232,50; sFr 29,80
ISBN 3-540-57602-9 ▼

▲ 1994. XI, 209 S. 43 Abb., 1 Tab. Brosch. **DM 29,80**; öS 232,50; sFr 29,80 ISBN 3-540-57040-3

Springer

Preisänderungen vorbehalten

1994. XVIII, 344 S.
98 Abb., 3 in Farbe
Brosch. **DM 29,80**;
öS 232,50; sFr 29,80
ISBN 3-540-57897-8
▼

▲
1994. VI, 159 S.
24 Abb.
Brosch. DM 29,80;
öS 232,50; sFr 29,80
ISBN 3-540-57902-8

▲
1994. XIII, 199 S.
77 Abb., 16 in Farbe
Geb. **DM 39,80**;
öS 310,50; sFr 39,80
ISBN 3-540-57101-9

1994. XI, 247 S.
48 Abb., 24 in Farbe
Brosch. **DM 34,80**;
öS 271,50; sFr 34,80
ISBN 3-540-57898-6
▼

◀
1994. IX, 181 S.
22 Abb., 13 in Farbe
Brosch. **DM 29,80**;
öS 232,50; sFr 29,80
ISBN 3-540-57900-1

 Springer

Preisänderungen vorbehalten

◀ 1993. XV, 257 S. 73 Abb., davon 12 in Farbe. 2 Tab.
DM 29,80; öS 232,50; sFr. 33,- ISBN 3-540-56664-3

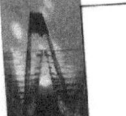

◀ 2. Aufl. 1992. IX, 268 S. 20 Abb.
DM 29,80; öS 232,50; sFr. 33.00
ISBN 3-540-55435-1

Mit Beiträgen von G. Brettschneider, A. Gaisser,
G. Harms, B. Hiller, K.-D. Humbert, G. Kautzmann,
V. Mertens, M. Preszly, M. Rolf, H. Schüssler und S. Wilcke
1993. XX, 410 S. 23 Abb. DM 34,80;
öS 271.50; sFr 38.50 ISBN 3-540-56959-6

1993. XI, 151 S. 18 Abb. ▶
DM 29,80; öS 232,50; sFr 3.00
ISBN 3-540-56168-4

▲ 1993. VII, 175 S. 70 Abb.
1 Tab. DM 29,80;
öS 232.50; sFr 33.00
ISBN 3-540-56242-7

▲ 2. Aufl. 1993. XIV, 294 S.
DM 34,80; öS 271,50; sFr. 38,50
ISBN 3-540-56498-5

Preisänderungen
vorbehalten

Springer

Tm.BA3.11.002

2., überarb. u. erg. Aufl. 1993. X, 257 S. 31 Abb.
DM 29,80; öS 232.50; sFr 33.00. ISBN 3-540-54768-1 ▶

2. Aufl. 1992. IX, 226 S.
73 Abb. DM 29,80; öS 32.50;
sFr 33.00. IBN 3-540-55313-4
▼

◀ 1993. VII, 263 S. 13 Abb.,
davon 8 in Farbe.
DM 29,80; öS 232,50;
sFr.33,- ISBN 3-540-56538-8

1993. VIII, 236 S. 48 Abb., davon
6 in Farbe. 14 Tab.
DM 29,80; öS 232,50; sFr. 33,-
ISBN 3-540-56666-X ▼

▲ 1992. X, 174 S. 47 Abb.
DM 29,80; öS 232.50;
sFr 33.00.
ISBN 3-540-55623-0

▲ 2., erw. Aufl. 1993. X, 200 S.
33 Abb., 21 historische
Vignetten DM 29,80;
öS 232.50; sFr 33.00.
ISBN 3-540-56240-0

 Springer

Preisänderungen vorbehalten

MIX
Papier aus verantwortungsvollen Quellen
Paper from responsible sources
FSC® C105338

If you have any concerns about our products,
you can contact us on
ProductSafety@springernature.com

In case Publisher is established outside the EU,
the EU authorized representative is:
**Springer Nature Customer Service Center GmbH
Europaplatz 3, 69115 Heidelberg, Germany**

Printed by Libri Plureos GmbH
in Hamburg, Germany